Deskriptive Statistik

Lehr- und Arbeitsbuch

Von
Universitätsprofessor
Dr. Georg Bol

3., überarbeitete Auflage

R. Oldenbourg Verlag München Wien

Die Deutsche Bibliothek - CIP-Einheitsaufnahme

Bol, Georg:
Deskriptive Statistik : Lehr- und Arbeitsbuch / von Georg Bol.
- 3., überarb. Aufl. - München ; Wien : Oldenbourg, 1995
 ISBN 3-486-23443-9

© 1995 R. Oldenbourg Verlag GmbH, München

Das Werk einschließlich aller Abbildungen ist urheberrechtlich geschützt. Jede Verwertung außerhalb der Grenzen des Urheberrechtsgesetzes ist ohne Zustimmung des Verlages unzulässig und strafbar. Das gilt insbesondere für Vervielfältigungen, Übersetzungen, Mikroverfilmungen und die Einspeicherung und Bearbeitung in elektronischen Systemen.

Gesamtherstellung: WB-Druck, Rieden

ISBN 3-486-23443-9

Vorwort

Die vorliegende Einführung in die Methoden der deskriptiven Statistik entstand aus Aufzeichnungen für das erste Drittel einer zweisemestrigen Vorlesung „Statistik für Wirtschaftswissenschaftler" aus den Jahren 1985 und 1988 an der Universität Karlsruhe. Sie richtet sich damit in erster Linie an Studienanfänger wirtschaftswissenschaftlicher Studiengänge als Ergänzung zu Vorlesungen entsprechenden Inhalts, aber auch zum Selbststudium.

Besonderer Wert wurde dabei auf eine systematische und übersichtliche Darstellung gelegt, wobei Beispiele die Vorgehensweise verdeutlichen sollen. Demgegenüber haben wir einer Einführung entsprechend auf Vollständigkeit bei den dargestellten Verfahren verzichtet; durch Literaturhinweise sind dem interessierten Leser Möglichkeiten zu weiterem Studium aufgezeigt, wegen der Fülle an Büchern und Zeitschriftenartikeln allerdings nur exemplarisch. Vorkenntnisse, die über den Bereich der Schulmathematik hinausgehen, werden nicht benötigt. Durch Übungsaufgaben und ihre Lösungen sind dem Leser Möglichkeiten der Selbstkontrolle gegeben.

Der Autor ist seinen Kollegen am Institut für Statistik und Mathematische Wirtschaftstheorie für ständige Gesprächsbereitschaft und viele Hinweise zu Dank verpflichtet. Ferner dankt er cand. Wi.-Ing. Steffen Hasse und cand. Inf. Karin Münzer für die Durchführung der Schreibarbeit. Herrn Diplom-Volkswirt Martin Weigert und dem Oldenbourg-Verlag danke ich für die Aufnahme des Buches in sein Programm und die reibungslose Zusammenarbeit.

Vorwort zur 2. Auflage

Das Erscheinen einer 2. Auflage hat in erster Linie Gelegenheit gegeben, die vielen Schreib- und Rechenfehler zu beseitigen[1]. Außerdem konnten auch einige Ergänzungen, Erläuterungen und Aktualisierungen der Beispiele vorgenommen werden. Daneben haben wir zu jedem Themengebiet noch zusätzliche Übungsaufgaben angefügt, so daß jetzt ein Lehr- und Arbeitsbuch in einem vorliegt. Leider stand das Textsystem, auf dem die erste Auflage geschrieben wurde, nicht mehr zur Verfügung. Daher mußte der Text gescannt und mit LaTeX neu aufbereitet werden. Diese mühevolle Arbeit haben Frau cand. Wi.-Ing. Monika Kansy und Herr Dipl.Ing. Jörn Basaczek in denkbar kurzer Zeit durchgeführt. Herr cand. Wi.-Ing. Edgar Hotz hat bei den Abbildungen, die teils für die neue Umgebung überarbeitet, teils - da neu hinzugekommen - neu erstellt werden mußten, einen Großteil der Arbeit übernommen. Ferner

---

[1] Für Hinweise dazu bin ich vielen meiner Studenten sehr dankbar.

hat er einen Teil der Berechnungen kontrolliert und beim Register mitgeholfen. Herr Dipl.Wi.-Ing. Johannes Wallacher hat das Manuskript noch einmal durchgelesen, weitere Beispiele eingefügt und den letzten Schliff bei der Formatierung vorgenommen. Auch Frau Rita Frank und meine Tochter Jutta haben beim Korrekturlesen noch etliche Fehler gefunden. Ihnen allen gilt mein herzlicher Dank. Ohne ihre Mitarbeit wäre die zweite Auflage nicht in dieser Form zustande gekommen. Die Zusammenarbeit mit Herrn Weigert und dem Oldenbourg-Verlag war - wie immer - problemlos und angenehm, wofür ich - wie immer - zu danken habe.

Vorwort zur 3. Auflage

Die erfreulich positive Resonanz auf die 2. Auflage hat schon nach zwei Jahren die Herausgabe einer 3. Auflage erforderlich gemacht. Dafür danke ich natürlich vor allem den Käufern des Buches. Gegenüber der 2. Auflage wurden keine inhaltlichen Änderungen vorgenommen, sondern nur einige wenige Druckfehler beseitigt. Hinweise auf sicherlich noch verbliebene Fehler oder Unstimmigkeiten sind sehr willkommen.

Dies gibt mir aber auch die Gelegenheit, mich bei Herrn Weigert und dem Oldenbourg-Verlag für die fortwährend gute Zusammenarbeit zu bedanken, was ich hiermit gerne tue.

Karlsruhe   Georg Bol

Inhaltsverzeichnis

	Vorwort	V
1	Einführung	1
2	Grundbegriffe	10
3	Merkmalsarten	21
4	Häufigkeitsverteilungen	25
5	Graphische Darstellung von Häufigkeitsverteilungen	42
6	Lage- und Streuungsparameter	63
7	Konzentration von Merkmalswerten	91
8	Mehrdimensionale Merkmale	107
9	Kontingenzkoeffizient	124
10	Lineare Regression	131
11	Korrelationsrechnung	136
12	Einführung in die Zeitreihenanalyse	146

13	Maßzahlen	161
14	Preis- und Mengenindices	167
A	Lösungen der Übungsaufgaben	175
	Referenzen	202
	Namen- und Sachregister	204

1 Einführung

Ohne sich dessen immer bewußt zu werden, kommt man mit Statistik im Leben nahezu ununterbrochen in Berührung. Dies beginnt bei der Geburt durch die Aufnahme in die Einwohnerkartei der Gemeinde oder Stadt, in der die Eltern amtlich gemeldet sind, wobei Daten wie Geburtsdatum, männlich/weiblich, Name der Eltern, Religionszugehörigkeit etc. für die sogenannte „Bevölkerungsstatistik" erfaßt werden, und endet mit dem Tod. Beide Ereignisse finden ihren Niederschlag insbesondere in der Statistik über den Bevölkerungsstand der Gemeinde, die in regelmäßigen Abständen auch veröffentlicht wird. Als Beispiel für eine solche „Bevölkerungsstatistik" sei hier die Fortschreibung des Bevölkerungsstandes der Gemeinde Stutensee für den Monat Februar 1988, veröffentlicht im Mitteilungsblatt der Gemeinde, wiedergegeben (s. nächste Seite).

Zwischen diesen beiden extremen Ereignissen Geburt und Tod werden zum Beispiel Ereignisse wie Schuleintritt, Wechsel auf Gymnasium oder Realschule, Studienbeginn, Eintritt in das Berufsleben, etc. statistisch erfaßt. Aber auch bei anderen Gelegenheiten kommt man –bewußt oder unbewußt– mit Statistik in Berührung. So z.B. bei Meinungsumfragen, Verkehrszählungen, Zulassung von Kraftfahrzeugen, Eintragungen in die Verkehrssünderkartei in Flensburg etc., nicht zuletzt natürlich auch bei Volkszählungen. Historisch gesehen können diese vielleicht als älteste dokumentarisch nachgewiesene statistische Betätigungen betrachtet werden. So verweist Hartung, 1982, auf die im alten Testament (viertes Buch Moses, zweites Buch Samuel) erwähnten Volkszählungen, allgemein bekannt ist sicher die Volkszählung unter Kaiser Augustus.

Ein anderer Bereich, in dem in vielfältiger Weise Statistiken erstellt werden, ist der betriebswirtschaftliche Bereich. Jedes gut geführte Unternehmen wird neben einer Verkaufsstatistik, in der die Verkaufszahlen der einzelnen Artikel gegliedert nach Zeiträumen (z.B. Monaten) und möglicherweise Verkaufsgebieten, Vertretern etc. aufgeführt sind, eine Personalstatistik, Unfallstatistik etc. erstellen.

Nachdem nun der Begriff Statistik mehrfach verwendet wurde, ist es angebracht, genauer anzugeben, was Statistik ist und welche Aufgaben sie hat. Entstanden ist der Begriff Statistik vermutlich durch die Staatsbeschreibungen G. Achenwalls[1], die dieser „Statistik" nennt, was möglicherweise auf das lateinische Wort „status" (1. Zustand, 2. Staat) zurückzuführen ist.

---

[1] Gottfried Achenwall, 1719-1772, begründete durch seine Staatsbeschreibungen den Begriff Statistik.

Bevölkerungsstatistik der Gemeinde Stutensee
Bevölkerungsstand (Fortschreibung)

Monat Februar 1988

	Gesamt	davon					
		männlich			weiblich		
		ev.	kath.	sonst	ev.	kath.	sonst
I. Stand der Bevölkerung am 31. Januar 1988	19 321	5 521	3 001	1 059	5 938	3 090	712
II. Zugang a) durch Geburt	17	5	1	2	3	3	3
b) durch Zuzug	88	25	14	11	16	14	8
Summe Zugang	105	30	15	13	19	17	11
III. Abgang a) durch Tod	11	4	1	-	5	1	-
b) durch Wegzug	91	24	14	9	25	16	3
Summe Abgang	102	28	15	9	30	17	3
IV. Bevölkerungsstand: Ende Februar 1988	19 324	5 523	3 001	1 063	5 927	3 090	720

Abbildung 1.1   Bevölkerungsstatistik der Gemeinde Stutensee, Februar 1988 (Quelle: Amtsblatt der Gemeinde Stutensee).

1 Einführung

In dem bisher benutzten Sinn ist eine Statistik eine **Zusammenfassung von Zahlen oder Daten**, die gewisse Erscheinungen der Realität beschreiben. Eine derartige Statistik kann je nach ihrem Verwendungszweck unterschiedlich dargestellt sein. Zur Verdeutlichung seien noch einmal einige Beispiele aufgeführt.

- In der Bevölkerungsstatistik der Bundesrepublik bzw. der Länder und Kommunen werden alle dort gemeldeten lebenden Personen aufgegliedert nach Alter, Geschlecht, Religionszugehörigkeit und anderen Kriterien erfaßt.

- Die Zulassungsstatistik von Kraftfahrzeugen enthält die Anzahl der zugelassenen Kraftfahrzeuge aufgeschlüsselt nach Typen.

- Die Verkaufsstatistik einer Unternehmung gibt die Verkaufszahlen der einzelnen Artikel aufgegliedert nach Monaten und evtl. weiteren Kriterien wieder.

- Durch Unfallstatistiken wird versucht, Unfallschwerpunkte und -ursachen zu erkennen.

- In den Naturwissenschaften werden Statistiken aufgestellt, um Gesetzmäßigkeiten über den Ablauf von Vorgängen herauszuarbeiten und nachprüfen zu können.

Zum anderen wird der Begriff Statistik aber auch als Bezeichnung für eine Wissenschaftsdisziplin benutzt. Häufig wird der Begriff „Statistik" als die **Gesamtheit aller Methoden (Lehre) zur Untersuchung und Beschreibung von Massenerscheinungen** umschrieben. Dabei sollte man die Statistik als eine **Hilfswissenschaft** auffassen, mit der die **Verbindung zwischen Empirie und Theorie** hergestellt oder zumindest reflektiert wird (vgl. Ferschl, 1978, S.13). So gewinnt man z.B. in der Experimentalphysik die allgemeine Gesetzmäßigkeit aus experimentellen Untersuchungen mittels statistischer Methoden. Weitere Bereiche sind unter anderem die Chemie, Biologie, Astronomie, Medizin und insbesondere die Wirtschaftswissenschaft. Es geht also einmal um die **Erhebung, Aufbereitung** und **Betrachtung** der Daten, also die Verarbeitung von empirischem Datenmaterial, und zum anderen darum, aus diesem Datenmaterial **Schlußfolgerungen** zu ziehen, die für die **Entscheidungsfindung** von Bedeutung sind. Man unterscheidet dementsprechend zwischen **deskriptiver** (beschreibender) und **induktiver** (schließender) Statistik. Demnach sind also Statistiken in der ersten Bedeutung des Wortes, wie sie etwa in den Beispielen angegeben waren und wie sie auch in den statistischen Jahrbüchern der statistischen Bundes- und Landesämter herausgegeben werden, das Ergebnis einer Beschäftigung im **Bereich der deskriptiven Statistik**.

Der Aufgabenbereich der induktiven Statistik wird vielleicht am ehesten an zwei Beispielen deutlich.

1.1 Beispiel

Ein Hersteller von Blitzlichtbirnen möchte vor Auslieferung einer Partie von 10.000 Stück prüfen, wie hoch der Anteil der fehlerhaften (nicht funktionierenden) Stücke ist. Eine exakte Feststellung ist nicht möglich, da ja durch das Ausprobieren, also die Prüfung auf Funktionsfähigkeit, die Blitzbirne unbrauchbar wird („zerstörende Kontrolle"). Einzige Möglichkeit ist also, eine Auswahl aus den Blitzbirnen der Partie zu treffen und diese zu prüfen. Dies kann etwa so erfolgen, daß 150 Stück ausgewählt und untersucht werden. Das Ergebnis sehe etwa wie folgt aus:

untersucht		150
davon:		
	korrekt	144
	fehlerhaft	6
Ausschußanteil der Auswahl		4 %

So weit handelt es sich um deskriptive Statistik. Es wird festgestellt, daß der Ausschußanteil bei den untersuchten 150 Stück 4% beträgt. Es stellt sich nun die Frage, inwieweit es berechtigt ist, davon auszugehen, daß auch der Ausschußanteil der Gesamtpartie 4% oder zumindest nahe bei 4% liegt. Eine solche Aussage kann ja offensichtlich falsch sein, da eine sichere Aussage über den Ausschußanteil nicht möglich ist, wenn nicht alle Stücke geprüft sind. Die induktive Statistik hilft hier weiter, sie liefert eine Aussage darüber, wie zuverlässig eine Übertragung der Ergebnisse der ausgewählten Teile auf die gesamte Partie ist.[2] Die Entscheidung - nämlich ob die Partie ausgeliefert wird oder nicht - wird dann aufgrund des Ergebnisses unter Berücksichtigung der Unsicherheitssituation und einer Bewertung der Konsequenzen erfolgen müssen.

1.2 Beispiel

Aus den Veröffentlichungen des statistischen Bundesamtes sind die Arbeitslosenzahlen sowie die Zahl der Erwerbstätigen seit der Gründung der Bundesrepublik Deutschland bekannt. Jeweils zu Monatsanfang werden die neu-

---

[2] vgl. z.B. Uhlmann, Statistische Qualitätskontrolle, 1982.

esten Zahlen für den letzten Monat vom Bundesamt für Arbeit in Nürnberg bekanntgegeben. Daraus ergeben sich unmittelbar die Aufgaben:

1. die gegenwärtige Situation zu beurteilen,
2. die zukünftige Entwicklung unter den gegebenen wirtschaftlichen und sonstigen Rahmenbedingungen zu prognostizieren.

Dabei muß bei 1. versucht werden, die Wirkungen der verschiedenen Einflüsse wie saisonal, witterungsbedingt, konjunkturell etc. zu separieren, um diese dann bei 2. entsprechend berücksichtigen zu können. Es sind also aus dem historischen Datenmaterial Schlußfolgerungen verschiedener Art zu ziehen.

Zusammenfassend sei noch einmal festgestellt:

1. **Deskriptive Statistik** befaßt sich mit der Erhebung, Aufbereitung und Auswertung von Daten als solchen. Die Daten werden als historisches Faktum angesehen.

2. **Induktive Statistik** versucht, aus den in der deskriptiven Statistik erhobenen Daten Schlüsse auf die Ursachen und Gesetzmäßigkeiten zu ziehen, die diesen Daten zugrundeliegen. Die induktive Statistik ist hierdurch im Dienste der Entscheidungstheorie und damit Bestandteil der sogenannten statistischen Entscheidungstheorie.

Bindeglied zwischen deskriptiver und induktiver Statistik ist die **Wahrscheinlichkeitstheorie,** die sich systematisch mit dem Phänomen „Zufall" beschäftigt. Die Wahrscheinlichkeitstheorie kann also als Theorie der Gesetzmäßigkeiten des Zufalls bezeichnet werden. Was beim Zufall gesetzmäßig sein kann, wird am leichtesten bei Glücksspielen deutlich. So wird jedem Roulettespieler einleuchten, daß er, wenn er häufig spielt und immer den gleichen Einsatz auf „schwarz" setzt, langfristig keinen Vermögenszuwachs erwarten kann (da ja „schwarz" und „rot" langfristig betrachtet etwa gleichhäufig auftreten).

Ähnlich werden auch, wenn man häufig „mit Stichproben" (also einer zufällig, d.h. ohne jede Systematik ausgewählten Teilgesamtheit) kontrolliert, nur selten große Abweichungen zwischen dem Ausschußanteil der Partie und dem der Teilgesamtheit vorliegen. Mit Hilfe der Wahrscheinlichkeitstheorie können Phänomene dieser Art nicht nur genauer beschrieben, sondern auch quantifiziert, also zahlenmäßig erfaßt werden.

Die Verhältnisse können etwa durch folgendes Schema verdeutlicht werden:

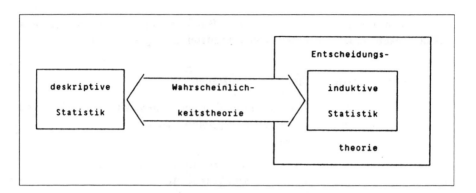

Abbildung 1.2 (s. Ferschl, 1978, Deskriptive Statistik, S.16).

Ein weiteres Gebiet der Statistik ist seit rund zehn Jahren die sogenannte Explorative-Daten-Analyse, kurz EDA nach dem Titel des 1977 von J.W. Tukey veröffentlichten Buches genannt. Dabei handelt es sich um (neue) Methoden, die eigentlich meist dem Bereich der deskriptiven Statistik zuzuordnen sind und vielfach graphisch sind oder graphikartigen Charakter besitzen, aber ganz gezielt unter dem Gesichtspunkt eingesetzt werden, daß sie zu Vermutungen führen, die dann mit Verfahren der induktiven Statistik überprüft werden können.

Die Aussagefähigkeit statistischer Methoden ist vielfach umstritten. Wenn mit sogenannten statistisch gesicherten Fakten argumentiert wird, wird als Gegenargument die Behauptung aufgestellt, daß mit Statistik alles bewiesen werden kann. In diese Richtung zielt auch die Frage nach den drei Formen der Lüge, die mit -die gemeine Lüge, -die Notlüge und -die Statistik beantwortet wird. Damit soll natürlich die Glaubwürdigkeit statistischer Aussagen in Zweifel gezogen werden. Der Grund für die Skepsis gegenüber statistisch begründeten Resultaten liegt darin, daß sich Aussagen scheinbar als falsch erwiesen haben bzw. daß Aussagen, die naturwissenschaftlich offensichtlich unsinnig sind, als statistisch beweisbar dargestellt werden. Dies kann grundsätzlich zwei Ursachen haben. Jede Aussage beruht neben dem vorhandenen Datenmaterial auch auf zusätzlichen Annahmen, die aber oft nicht explizit erwähnt werden und deren Korrektheit nicht immer gewährleistet ist.

So kann z.B. eine Verkaufsprognose auf der Annahme beruhen, daß die Marktbedingungen gleichbleibend sind. Ändert nun ein Konkurrent sein Angebot in Preis und/oder Ausstattung, so wird sich auch die Verkaufsprognose möglicherweise als falsch erweisen. Damit hat sich aber nicht die statistische Aussage als falsch gezeigt; diese lautete ja:

1 Einführung

Wenn die Marktbedingungen gleichbleibend sind, wird der Verkauf im Rahmen der statistischen Unsicherheit soundsohoch sein.

Der zweite Grund liegt - wie auch in anderen Bereichen - in einer unkorrekten Anwendung der Methoden. Dies läßt sich dann häufig dadurch verdeutlichen, daß man dieselbe (unkorrekte) Methode benutzt und zu offensichtlich unsinnigen Ergebnissen kommt. Ein schönes - und dementsprechend häufig verwendetes - Beispiel dafür ist der angebliche Zusammenhang zwischen der Häufigkeit des Auftretens von Störchen und der Anzahl der Geburten:

In der zweiten Hälfte des vorigen Jahrhunderts ist über einen längeren Zeitraum für Südschweden eine gute Übereinstimmung zwischen der Entwicklung der Storchenbrütungen und der Geburtenrate festgestellt worden. Eine solche Übereinstimmung kann mit Hilfe des sogenannten Korrelationskoeffizienten festgestellt werden. Das Beispiel zeigt damit, daß dieser Korrelationskoeffizient nicht dazu benutzt werden kann - wie es häufig getan wird -, einen direkten kausalen Zusammenhang zwischen der Entwicklung zweier Größen nachzuweisen. Meist wird es nur eine gemeinsame Ursache geben, die möglicherweise auch nicht offen zu Tage tritt. Eine solche Ursache in diesem Beispiel zu finden, sei dem Leser überlassen.

Allerdings erlaubt die Statistik in besonders einfacher und vielfältiger Weise die **Manipulation** von Daten und damit die bewußte Täuschung. Dies wird häufig im Zusammenhang mit politischen Entscheidungen benutzt.[3]

Möglichkeiten hierzu bieten vor allem

- die Auswahl des Bezugspunktes,

- die Auswahl von Vergleichsgrößen,

- die Auswahl der Daten,

- die Art und Weise einer graphischen Darstellung.

Z.B. kann man für das Wachstum einer Branche durch die Auswahl eines geeigneten Vergleichsverfahrens möglicherweise völlig unterschiedliche Eindrücke erwecken. Betrachtet man weiter etwa die Entwicklung der Sozialausgaben eines Staates unabhängig von der Entwicklung anderer Größen wie Steuereinnahmen, sonstigen Ausgaben etc., so entsteht in vielen Fällen ein völlig falscher Eindruck. Auch bei der Auswahl der Daten insbesondere bei

---

[3] vgl. hierzu insbesondere Huff, 1973. Eine amüsante Lektüre dazu ist auch Krämer, 1991.

Zeitreihen ergeben sich vielfältige Möglichkeiten zur Täuschung, etwa indem man den Beginn der Berichterstattung geeignet wählt, oder durch die Auswahl der Zeitabstände geeignete Wirkungen erzielt (vgl. Abb. 1.3 und 1.4).

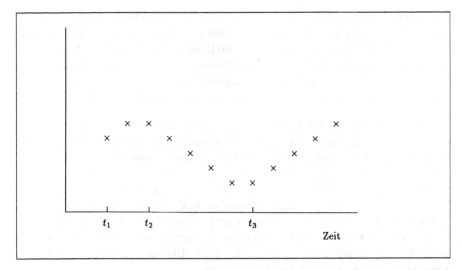

Abbildung 1.3   Manipulation durch Auswahl des Anfangszeitpunktes einer Zeitreihe.

Läßt man die Zeitreihe, deren Daten etwa seit dem Zeitpunkt t_1 vorliegen, erst in t_2 oder t_3 beginnen, so erhält der Betrachter intuitiv eine völlig falsche Vorstellung von der Entwicklung der dargestellten Größe. Insbesondere wird in Abb. 1.3 der periodische Verlauf bei einem Beginn in t_3 nicht deutlich. Gegenüber einem Beginn in t_2 wird dabei auch ein relativ gleichmäßiges Wachstum vorgetäuscht und kaschiert, daß bereits früher ein hohes Niveau dieser Größe erreicht war.

Auch durch die Auswahl des Datenmaterials ist eine Verfälschung möglich, wie dies z.B. in der Darstellung 1.4 augenfällig wird. Besonders vielfältig sind die Manipulationsmöglichkeiten, die man unter Ausnutzung optischer Täuschungen bei graphischen Darstellungen erhält. Aufgrund der Darstellung werden beim Betrachter Assoziationen geweckt, die durch das Datenmaterial nicht gerechtfertigt sind. Eine Zusammenstellung solcher Methoden mit Beispielen findet man bei Abels/Degen, 1981.

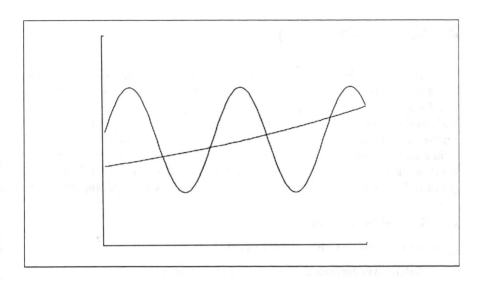

Abbildung 1.4 Manipulation durch Auswahl von Beobachtungszeitpunkten.

2 Grundbegriffe

Bei jeder statistischen Erhebung sind eine Reihe grundsätzlicher Überlegungen durchzuführen, bevor die Einzelheiten technischer und organisatorischer Art festgelegt werden können. Betrachtet man als typisches Beispiel eine Volkszählung, bei der ja nicht nur das Volk gezählt, d.h. die Zahl der in der Bundesrepublik lebenden Bürger festgestellt werden soll, sondern bei der auch Informationen über eine Vielzahl von Eigenschaften, Gewohnheiten, äußeren Umständen etc. dieser Bürger ermittelt werden sollen. Ganz offensichtlich ergeben sich unmittelbar folgende Fragen, die vorrangig der Klärung bedürfen:

1.) - Wer soll befragt werden?
2.) - Welche Fragen sollen gestellt werden?
3.) - Welche Antwortmöglichkeiten sind zugelassen?

Durch die Beantwortung von Frage 1 werden die Objekte der statistischen Untersuchung festgelegt, man spricht hierbei von den statistischen Einheiten. Allgemein ist also eine **statistische Einheit** das Einzelobjekt einer statistischen Untersuchung.

In der Regel ist man jedoch nicht an den spezifischen Eigenschaften der Einzelobjekte interessiert, sondern an Informationen über das Gesamtbild. Zum Beispiel

- besteht bei einer Volkszählung nicht die Absicht zu erfahren, ob der Bürger Karl-Heinz Müller ledig, verheiratet, verwitwet oder geschieden ist, welche Einkünfte und Nebeneinkünfte er hat, welche Freizeitbeschäftigungen er bevorzugt usw. Vielmehr möchte man z.B. wissen, wieviel Prozent der befragten Bevölkerung ledig, verheiratet, verwitwet bzw. geschieden sind, wie die Einkommensstruktur der Gesamtbevölkerung ist, usw.

- ist bei der Partie Blitzlichtbirnchen nicht von Bedeutung, ob das Birnchen, das in der rechten unteren Ecke der Schachtel liegt, funktioniert oder nicht. Von Bedeutung ist, wieviel Prozent der Birnchen nicht funktionieren, also wie groß der Ausschußanteil ist.

Die Gesamtheit der statistischen Einheiten bzw. der Einzelobjekte der statistischen Untersuchung nennt man **statistische Masse**, **Grundgesamtheit** oder **Population**. Man hat also bei jeder statistischen Untersuchung die statistische Masse genau festzulegen. Diese „Konstruktion" der Grundgesamtheit kann in zwei Schritten erfolgen (vgl. Ferschl, 1978, S.17):

a) **Die Abgrenzung der Grundgesamtheit.**
   Von jedem in Betracht kommenden Objekt (Gegenstand der Umwelt) wird festgestellt, ob es zur Grundgesamtheit gehört oder nicht.

b) **Die Festlegung der Auswahleinheit („Identifikation").**

Die einzelnen Schritte werden vielleicht am ehesten an einem Beispiel deutlich. Bei einer Volkszählung sollen beispielsweise alle an einem bestimmten Tag x mit erstem Wohnsitz in der Bundesrepublik Deutschland gemeldeten Personen über 18 Jahre erfaßt werden. Damit ist die exakte Abgrenzung des Personenkreises erfolgt. Die Erfassung kann nun in der Art erfolgen, daß pro Haushalt ein Fragebogen ausgefüllt wird oder aber jede Einzelperson einen Fragebogen erhält. In beiden Fällen werden die Daten über den gewünschten Personenkreis erhoben. Im ersten Fall besteht jedoch die Grundgesamtheit aus den einzelnen Haushalten, im zweiten Fall ist jede Person ein Einzelobjekt, d.h. die Grundgesamtheit besteht aus der Menge aller am Tag x mit erstem Wohnsitz in der Bundesrepublik Deutschland gemeldeten Personen.

Die Abgrenzung von Grundgesamtheiten oder statistischen Massen muß nach den folgenden drei Kriterien eindeutig vollziehbar sein:

- sachlich
- räumlich
- zeitlich

Im Falle der Volkszählung erfolgt dies durch die Angabe des „Stichtages" 27.05.1987 (zeitlich), die Beschränkung erster Wohnsitz in der BRD (räumlich) und Personen über 18 Jahre (sachlich). Auch bei der Identifikation können diese Kriterien herangezogen werden, z.B. durch die sachliche Identifikation: Einzelobjekte sind Personen (nicht Haushalte).

Die beiden Schritte Abgrenzung und Identifikation werden häufig in der Literatur nicht getrennt und in der Praxis auch nicht getrennt vollzogen. Beide Schritte können jedoch nicht unproblematisch sein, da ja das Ergebnis der Untersuchung stark von ihnen abhängen kann. Sollen z.B. bei der Untersuchung des Freizeitverhaltens von Studenten Doktoranden (also Studenten mit Abschluß) miterfaßt werden oder nicht (Abgrenzungsproblem)? Oder z.B. bei einer Betriebsstatistik örtlich getrennte Arbeitsstätten einzeln aufgeführt werden, auch wenn sie einem einzigen Unternehmen angehören und/oder eine gemeinsame Betriebsorganisation besitzen (Identifikationsproblem)?

2.1 Beispiele

a) Untersuchung des Wählerverhaltens in Baden-Württemberg für die Bundestagswahl 1987.

Statistische Masse sind alle wahlberechtigten Bürger des Landes, d.h. alle Bürger, die am Tag der Wahl (also nicht am Tag der Untersuchung) die Voraussetzungen dafür erfüllen, in Baden-Württemberg ihre Stimme abgeben zu dürfen (deutsche Staatsbürgerschaft, Mindestalter 18 Jahre, Eintrag ins Wählerverzeichnis etc.).

b) Untersuchung der Verkehrsdichte einer bestimmten Straße.

Die Verkehrsdichte einer Straße kann z.B. dadurch festgestellt werden, daß an bestimmten ausgewählten Beobachtungspunkten die passierenden Fahrzeuge – eingeteilt in Gruppen wie LKW, PKW, Krafträder etc. – in vorgegebenen Zeiträumen gezählt werden. Als statistische Einheiten können hier die Beobachtungspunkte zu einem gegebenen Zeitraum betrachtet werden; diese Beobachtungspunkte werden ja auf den zu diesem Zeitraum durchfließenden Verkehr untersucht. Derselbe Beobachtungspunkt und ein anderer Zeitraum sind damit eine andere statistische Einheit.

c) Untersuchung der Abfüllmenge einer automatischen Abfüllanlage.

Statistische Einheiten sind hier die abgefüllten Flaschen. Grundgesamtheit oder statistische Masse ist die Menge aller abgefüllten Flaschen. Dabei ist natürlich der Untersuchungszeitraum eindeutig festzulegen.

Betrachtet man nochmals die Bevölkerungsstatistk aus Abbildung 1.1, so sieht man, daß in dieser Tabelle zunächst vier verschiedene statistische Massen erfaßt sind: Einmal enthält sie in Zeile 1 den Stand der Bevölkerung zum Zeitpunkt 31.1.1988, 24^{00}. Hier ist also die Anzahl der Einwohner zu diesem Zeitpunkt insgesamt und aufgegliedert nach den angeführten Merkmalen angegeben. Statistische Masse ist die genannte Einwohnerschaft. Die zeitliche Abgrenzung wird durch den Stichtag (genauer „Stichzeitpunkt") gegeben. Unter II. sind die Zugänge erfaßt, statistische Einheiten sind hier alle Zugänge im Zeitraum Februar, wobei hier eine weitere Differenzierung nach Geburt und Zuzug vorgenommen ist. Zeitliche Abgrenzung ist hier der Zeitraum Februar. III. erfaßt die Abgänge, statistische Einheiten sind alle Abgänge. Zeitliche Abgrenzung ist wieder der Zeitraum Februar. Schließlich gibt IV. den Bevölkerungsstand zum Zeitpunkt 29.2., 24^{00} an. Statistische Masse ist hier analog zu I. die gesamte Einwohnerschaft zum Stichtag. Als zeitliche Abgrenzung liegt wieder ein Zeitpunkt vor.

Die zeitliche Abgrenzung einer statistischen Masse kann also einerseits ein Zeitpunkt, andererseits ein Zeitraum sein.

2 Grundbegriffe

Statistische Massen, deren zeitliche Abgrenzung ein Zeitpunkt ist, heißen **Bestandsmassen**; statistische Massen, deren zeitliche Abgrenzung ein Zeitraum ist, heißen **Ereignismassen**. Die jeweiligen statistischen Einheiten werden **Bestands- bzw. Ereigniseinheiten** genannt.

Betrachtet man das Beispiel der Bevölkerungsstatistik, so sieht man, daß jeder der dort erfaßten Personen eine „Verweildauer" zugeordnet werden kann, nämlich der Zeitraum, in dem die Person in der Gemeinde wohnhaft (und auch gemeldet) ist. Dabei ist für die Zugehörigkeit zu den Bestandsmassen (I, IV) entscheidend, ob der Zeitpunkt der zeitlichen Abgrenzung („Stichtag") in die Verweildauer fällt oder nicht, während für die Ereignismassen ausschlaggebend ist, ob der Beginn (bei II) bzw. das Ende (bei III) der Verweildauer in den Zeitraum der zeitlichen Abgrenzung fällt. Beginn bzw. Ende der Verweildauer sind Zeitpunkte, in denen etwas geschieht, in denen sich etwas verändert („Ereignisse").

Jeder Bestandseinheit ist also eindeutig ein Zeitraum (die Verweildauer) zugeordnet, während jeder Ereigniseinheit ein Zeitpunkt (nämlich der des Eintretens des Ereignisses) zugeordnet ist. Dabei kann man noch unterscheiden, ob es sich bei dem Zeitpunkt um den Beginn oder das Ende der Verweildauer handelt. Im ersten Fall spricht man von Zugangseinheit (bzw. entsprechend von Zugangsmasse) im zweiten Fall von Abgangseinheit (bzw. Abgangsmasse).

2.2 Beispiele:

Bestandsmassen	Ereignismassen	
	Zugangsmasse	Abgangsmasse
Bevölkerung	Geburten	Todesfälle
zugelassene Kfz	Anmeldungen	Abmeldungen
Lagerbestand	Anlieferungen	Auslieferungen
Kassenbestand	Einzahlungen	Auszahlungen
Touristen	Ankunft	Abreise

Die Beispiele zeigen, daß über die Verweildauer der statistischen Einheiten, die ja durch die Ereignisse „Beginn" und „Ende" festgelegt und begrenzt ist, ein Zusammenhang zwischen Bestands- und Ereignismassen besteht. Dies kann graphisch folgendermaßen verdeutlicht werden:

Die Einheiten werden durchnumeriert und ihre Verweildauer durch einen Streckenzug oberhalb einer Zeitachse abgetragen (s. Abb. 2.1).

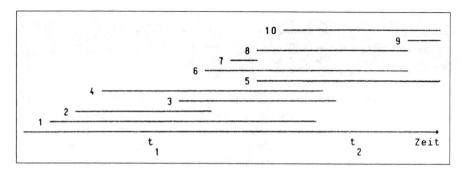

Abbildung 2.1 Graphische Darstellung von Verweildauern.

Numeriert man die Einheiten nach ihrem Zugangszeitpunkt und läßt die „Verweillinien" auf einer Achse mit 45° Neigung zur Zeitachse beginnen, so kann man am Abstand zweier Linien die Zeitdifferenz des Zugangs erkennen (s. Abb. 2.2). Nachteile entstehen bei dieser Darstellung, wenn statistische Einheiten denselben Zugangszeitpunkt haben, da sich dann die Verweillinien überdecken. (Die ursprüngliche Numerierung ist jeweils in Klammer angegeben.)

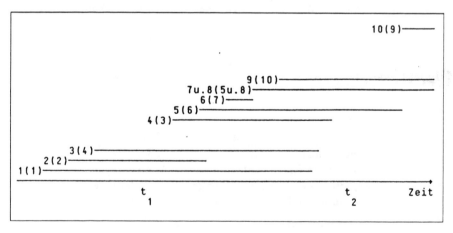

Abbildung 2.2   Graphische Darstellung von Verweildauern (2. Methode).

Zum Zeitpunkt t_1 ergibt sich aus der Graphik als Bestandsmasse die Masse mit den Einheiten 1, 2 und 4 (in der Ausgangsnumerierung). Für den Zeitraum von t_1 bis t_2 erhält man die Zugangsmasse aus den Einheiten 3, 5, 6, 7, 8 und 10 und die Abgangsmasse aus den Einheiten 1, 2, 3, 4 und 7. Die Bestandsmasse zum Zeitpunkt t_2 besteht ersichtlich aus den Einheiten 5, 6, 8 und 10.

Die Bestandsmasse zum Zeitpunkt t_2 erhält man auch, indem man zunächst zur Bestandsmasse zum Zeitpunkt $t_1(\{1,2\})$ die Zugangseinheiten 3, 5, 6, 7, 8, 9 und 10 hinzufügt ($\{1,2,3,4,5,6,7,8,10\}$) und die Abgangseinheiten 1, 2, 3, 4 und 7 entfernt. Man erhält damit die Bestandsmasse zum Zeitpunkt t_2, die statistische Masse $\{5,6,8,10\}$ wie oben. Dieses Verfahren wird Fortschreibung genannt.

Man erhält damit als Fortschreibungsformel:

a) für die statistischen Massen:
   Endbestandsmasse =
   Anfangsbestandsmasse $\cup$ Zugangsmasse $\setminus$ Abgangsmasse.

b) für die Anzahl der statistischen Einheiten (zahlenmäßige Fortschreibungsformel):

   Endbestand = Anfangsbestand + Zugang - Abgang,

   wobei also mit Endbestand usw. die Anzahl der statistischen Einheiten der Endbestandsmasse usw. bezeichnet sei.

Die Fortschreibungsformel erleichtert die zahlenmäßige Erfassung von Bestandsmassen enorm, da i.a. die Bestandsmassen gegenüber den Ereignismassen groß sind (vgl. z.B. die Bevölkerungsstatistik) und die Ereignismassen ohnedies erfaßt werden. Andererseits birgt sie insofern auch eine Gefahr in sich, da auch jeder Fehler (Rechenfehler, nicht erfolgte oder falsche Erfassung, übersehene Löschung etc.) fortgeschrieben wird. Deshalb wird von Zeit zu Zeit eine Neuerfassung (Volkszählung, körperliche Inventur bei Lagerbeständen, etc.) unumgänglich, wenn man sicher sein will, mit exakten Werten zu arbeiten.[1]

Im allgemeinen interessiert man sich – wie auch im Beispiel der Volkszählung oben – bei einer statistischen Untersuchung nicht nur für die Anzahl der statistischen Einheiten, sondern auch für Eigenschaften dieser statistischen Einheiten. So ist ja auch in der Bevölkerungsstatistik die Grundgesamtheit weiter aufgegliedert worden nach Geschlecht und Religionszugehörigkeit. Auch bei der Volkszählung von 1987 wurde eine Vielzahl von Eigenschaften abgefragt.[2] Mit Hilfe dieser Eigenschaften können die statistischen Einheiten beschrieben werden. Man verwendet hierfür die Bezeichnung **Merkmal**.

---
[1] Dies setzt natürlich voraus, daß bei der Neuerfassung keine Fehler unterlaufen, was häufig auch nicht erreicht werden kann.
[2] Auf die Problematik, die damit verbunden ist, soll hier nicht eingegangen werden, da es sich nicht um ein Problem der statistischen Theorie handelt.

2.3 Beispiele für Merkmale

- Statistische Einheit: Student;

  Merkmale: Alter, Geschlecht, Haarfarbe, Studienfach, Größe, Gewicht, ...

- Statistische Einheit: Industriebetrieb;

  Merkmale: Zahl der Beschäftigten, Rechtsform, Umsatz, Größe des Betriebsgeländes, Standort, ...

- Statistische Einheit: Familienhaushalt;

  Merkmale: Kinderzahl, Einkommen, Anzahl der Berufstätigen, Anzahl der PKW, Ausgaben für Lebensunterhalt, ...

Merkmal ist entsprechend diesen Beispielen nicht eine individuelle Eigenschaft oder Ausprägung, wie blond als Haarfarbe, 19 Jahre als Alter, Wirtschaftswissenschaften als Studienfach etc., sondern die Möglichkeit mit Hilfe dieser Eigenschaften die statistischen Einheiten zu beschreiben.

Ein **Merkmal** ist also eine **Beschreibungsmöglichkeit** für die statistischen Einheiten der betrachteten statistischen Masse.[3] Ein Merkmal muß dabei nicht auf die statistische Masse beschränkt sein, die gerade untersucht wird. So kann das Merkmal Alter oder Geschlecht beispielsweise nicht nur als Beschreibungsmöglichkeit für die Studenten einer Universität oder einer anderen Hochschule herangezogen werden, sondern auch für weit größere Personenkreise.

Die spezielle Eigenschaft, die eine statistische Einheit bzgl. eines Merkmals annimmt („trägt"), nennt man **Merkmalsausprägung**, die statistische Einheit dementsprechend auch **Merkmalsträger**. Merkmalsausprägungen sind spezielle Eigenschaften oder Werte, mit denen die Beschreibung der statistischen Einheit erfolgt.

Vor einer statistischen Untersuchung muß also festgelegt werden, welche Merkmale untersucht („erhoben") werden. Dies hängt natürlich vom Thema oder der Aufgabe der Untersuchung ab. Die Güte der Untersuchungsergebnisse wird offensichtlich ganz wesentlich davon beeinflußt, ob die adäquaten Merkmale erhoben werden. Welche dies sind, ist in vielen Fällen nicht offenkundig (Welche Merkmale sollen beispielsweise erhoben werden, wenn es um die gesundheitlichen Folgen des Rauchens geht?).

---

[3] Auch die Abgrenzung der statistischen Masse erfolgt mit Hilfe von Merkmalen, man spricht dann von Identifikationsmerkmalen.

Die Menge der theoretisch möglichen Merkmalsausprägungen für ein bestimmtes Merkmal – die bei der Untersuchung tatsächlich auftretenden sind vorher häufig nicht bekannt – ist einerseits bei verschiedenen statistischen Massen unterschiedlich, hängt aber andererseits auch von der Art und der Genauigkeit der Erhebung ab. So kann das Alter von Personen auf den Tag genau, nach vollendeten Lebensjahren oder – seltener – auf Jahre auf- bzw. abgerundet erhoben werden. Durch die Festlegung der Menge der zugelassenen Merkmalsausprägungen wird die oben angesprochene Frage nach den zugelassenen Antwortmöglichkeiten beantwortet.

2.4 Beispiele

Merkmal	Merkmalsausprägungen
Geschlecht	männlich, weiblich
Religionszugeh.	evangelisch, katholisch, sonstige
Note	sehr gut, gut, befriedigend, ausreichend, nicht ausreichend
	oder
	1,0 bis 5,0
Alter	Natürliche Zahlen (Anzahl von Jahren bzw. Tagen)
Größe	Positive reelle Zahlen[4]
	oder
	Positive Dezimalzahlen mit maximal zwei Kommastellen[5]
	oder
	Natürliche Zahlen[6]

Bei der Festlegung der Merkmalsausprägungen ist auch zu beachten, ob jeder statistischen Einheit genau eine Merkmalsausprägung zugeordnet ist (nicht häufbares Merkmal), oder ob bei einem oder mehreren Merkmalsträgern auch zwei oder mehr Ausprägungen möglich sind (häufbares Merkmal).

Nicht häufbares Merkmal: Eindeutige Zuordnung der Merkmalsausprägungen zu den Merkmalsträgern.

Häufbares Merkmal: Mehrdeutigkeit bei der Zuordnung von Merkmalsausprägung zu Merkmalsträger ist möglich (Mehrere Antworten auf eine Frage sind möglich.). Eine statistische Einheit kann mehrere Merkmalsausprägungen tragen.

---

[4] ohne vorher festgelegte Genauigkeit.
[5] in Meter und Zentimeter.
[6] in Zentimeter.

2.5 Beispiele für häufbare Merkmale

a) Erlernter Beruf (z.B. Maschinenschlosser und Diplomingenieur).

b) Unfallursache (z.B. überhöhte Geschwindigkeit und Glatteis).

c) Hobby.

Häufbare Merkmale können dadurch auf nicht häufbare Merkmale zurückgeführt werden, daß man als neue Merkmalsausprägungen alle möglichen Kombinationen der ursprünglichen Merkmalsausprägungen einführt. Aus diesem Grund werden wir, wenn es nicht ausdrücklich anders erwähnt ist, unter einem Merkmal ein nicht häufbares Merkmal verstehen.

2.6 Definition

Unter einem Merkmal auf einer statistischen Masse verstehen wir eine statistische Masse S und eine Menge M von Merkmalsausprägungen, so daß jeder statistischen Einheit genau eine Merkmalsausprägung zugeordnet ist, mathematisch formuliert also eine Abbildung[7] $b : S \to M$, die jeder statistischen Einheit $s \in S$ eine Merkmalsausprägung $b(s)$ zuordnet. $b(s)$ ist die Merkmalsausprägung (oder auch der Merkmalswert) des Merkmalsträgers $s \in S$. Die Zuordnung des Merkmalswertes zur statistischen Einheit bezeichnet man als Meßvorgang, Messung oder Bewertung.

Übungsaufgaben

1. Bei den Abbildungen 2.3-2.6 überlege man, wie die zugehörigen statistischen Massen aussehen (könnten). Handelt es sich um Ereignis- oder Bestandsmassen?

2. Falls vorhanden gebe man zu jeder statistischen Masse aus Aufgabe 2.1 die zugehörige Ereignis- bzw. Bestandsmasse an.

3. Welche Merkmale wurden in diesen Beispielen betrachtet?

---

[7] Der Buchstabe b steht für Bewertung.

2 Grundbegriffe

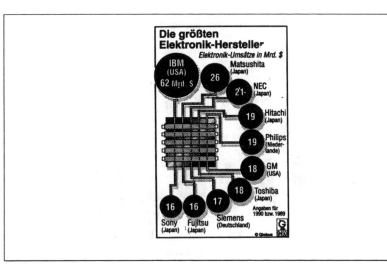

Abbildung 2.3 Badische Neueste Nachrichten, 19.3.92.

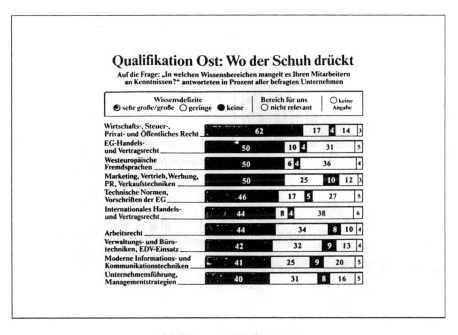

Abbildung 2.4 iwd, 2.4.92.

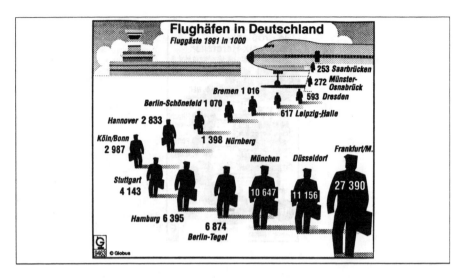

Abbildung 2.5 Badische Neueste Nachrichten, 31.3.92.

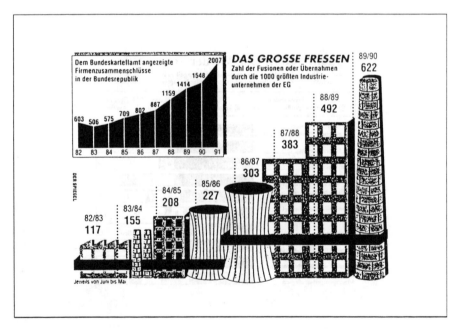

Abbildung 2.6 SPIEGEL, 5/92 (6.4.92).

3 Merkmalsarten

In den Beispielen des § 2 können drei Grundtypen bei der Menge der Merkmalsausprägungen unterschieden werden:

a) Die Menge besteht aus einer (endlichen) Anzahl verbaler Begriffe, deren Reihenfolge willkürlich ist.

   Beispiele: Geschlecht, Religionszugehörigkeit.

b) Die Menge besteht aus einer (endlichen) Anzahl verbaler Begriffe mit einer natürlich vorgegebenen Reihenfolge.

   Beispiele: Das Merkmal „Note" mit der Reihenfolge sehr gut, gut, befriedigend, ausreichend, nicht ausreichend (oder umgekehrt) der Merkmalsausprägungen.

c) Die Menge besteht aus reellen Zahlen ($M \subseteq \mathbb{R}$, $M \subseteq \mathbb{N} \subseteq \mathbb{R}$).

   Beispiele: Alter, Größe, Gewicht, ...

Dementsprechend unterscheidet man die Merkmale in „Qualitative Merkmale", „Rangmerkmale" und „Quantitative Merkmale".

Qualitative Merkmale: Die Merkmalsausprägungen sind verbale Begriffe, die ohne eine ordnende Vergleichbarkeit nebeneinander stehen. Die Reihenfolge bei den Merkmalsausprägungen ist willkürlich, eine Einstufung der Merkmalsträger ist aufgrund der Merkmalswerte nicht zulässig.

   Beispiele: Haarfarbe, Geschlecht, Familienstand, Religion, etc.

Rangmerkmale: Durch Rangmerkmale wird eine Einteilung der statistischen Masse in „Qualitätsstufen" vorgenommen. Die Merkmalswerte lassen einen Vergleich zweier statistischer Einheiten zu, allerdings ist der Unterschied zwischen zwei Ausprägungen nicht quantifizierbar.

   Beispiel: Zuordnung von Weinen in die Kategorien „Tafelwein", „Qualitätswein", „Qualitätswein mit Prädikat", etc. Es ist zulässig, zu sagen, eine bestimmte Flasche mit der Einstufung Qualitätswein ist im Sinn dieser Einstufung höherwertiger als eine zum Vergleich herangezogene Flasche Tafelwein (was allerdings nichts über die Eignung für eine spezielle Gelegenheit aussagt); ohne zusätzliche Kenntnisse kann aber nichts darüber festgestellt werden, um wieviel sie höherwertiger ist.

Quantitative Merkmale: Die Merkmalsausprägungen sind reelle Zahlen. Die Feststellung des Merkmalswertes einer statistischen Einheit erfordert damit eine physikalische Messung, einen Abzählvorgang oder Ähnliches. Für den Vergleich zweier Merkmalswerte steht damit die gesamte Struktur der reellen Zahlen zur Verfügung, wobei die Auswertung noch die Dimensionsart der betrachteten Größe berücksichtigen muß (siehe unten).

> **Beispiele:** Alter, Gewicht, Verkehrsdichte, Temperatur, Semesterzahl, etc.

Quantitative Merkmale können weiter danach eingeteilt werden, ob als Merkmalswerte alle reellen Zahlen oder ein Intervall daraus theoretisch möglich sind (**stetige** Merkmale) oder nur isolierte reelle Zahlen – in der Regel ganze Zahlen (**diskrete** Merkmale).

> **Beispiele für diskrete Merkmale:** Kinderzahl, Semesterzahl, Beschäftigtenzahl, etc. (die Merkmalsausprägungen sind jeweils natürliche Zahlen); aber auch: Bewertung im Eiskunstlauf (eine Kommastelle) oder Noten mit den zugelassenen Werten 1.0, 1.3, 1.7, 2.0, usw.

> **Beispiele für stetige Merkmale:** Größe, Gewicht, Lebensdauer, Temperatur, etc.

Die Einordnung ist nicht immer unstrittig. Einerseits können bei vorgegebener Genauigkeit der Messung – wie bei allen physikalischen Messungen erforderlich – im Endeffekt nur isolierte Werte auftreten. Dennoch werden physikalische Größen im allgemeinen zu den stetigen Merkmalen gerechnet. Ähnliches gilt für monetäre Größen wie Einkommen, Umsatz, etc. Ob allerdings das Alter, gemessen in vollendeten Lebensjahren, zu den stetigen oder diskreten Merkmalen zu zählen ist, kann möglicherweise unterschiedlich beurteilt werden. Für die weitere Vorgehensweise bei der Untersuchung ist der folgende Unterschied von größerer Bedeutung: Bei stetigen Merkmalen sind selten Merkmalswerte übereinstimmend, statistische Einheiten mit völlig identischen Merkmalswerten treten kaum auf. Bei der Analyse der festgestellten Merkmalswerte, insbesondere bei graphischen Darstellungen (s. § 5), wird man dann häufig benachbarte Werte in Klassen zusammenfassen (s. § 4). Dieselbe Situation kann auch bei diskreten Merkmalen auftreten (allerdings seltener), wenn die Anzahl der statistischen Einheiten klein gegenüber der Anzahl der möglichen Merkmalsausprägungen ist.

Insbesondere für die Verarbeitung mit EDV-Anlagen wird bei qualitativen Merkmalen und Rangmerkmalen eine Identifizierung der Merkmalsausprägungen mit reellen oder ganzen Zahlen (Beispiel: ledig (1), verheiratet (2), geschieden (3), verwitwet (4).) durchgeführt. Diesen Vorgang nennt man **Codierung** oder **Skalierung**. Formal werden damit diese Merkmale zu quantitativen Merkmalen. Allerdings bedeutet dies nicht, daß auch die Auswertungsmethoden quantitativer Merkmale angewandt werden dürfen. Im Zusammenhang hiermit hat sich auch die Bezeichnung **Nominalskala** für qualitative Merkmale, **Ordinal-** oder **Rangskala** für Rangmerkmale eingebürgert. Quantitative Merkmale werden in dieser Sprechweise **metrische Skalen**[1] oder **Kardinalskalen** genannt.

Eine weitere Unterscheidung wird bei metrischen Skalen durch die Dimension möglich. Die Dimension entscheidet letztlich darüber, welche Vergleichsmethoden bei Merkmalswerten zulässig sind.

Intervallskalen: Bei der Festlegung der Dimension wurde der Nullpunkt willkürlich festgelegt, was beispielsweise dadurch deutlich wird, daß bei einer anderen Dimension für denselben Sachverhalt ein anderer Nullpunkt vorliegt. Damit können beim Vergleich von Merkmalswerten Differenzen, aber keine Verhältnisse gebildet werden.

Beispiele:

- Temperatur: Für Temperaturmessungen wird in Europa üblicherweise die Einheit °Celsius verwendet, während in den USA üblicherweise die Einheit °Fahrenheit verwendet wird (Die Umrechnungsformel ist unten angegeben). Damit ist beim Vergleich von 10°C und 20°C die Differenz von 10°C aussagefähig; es ist aber nicht sinnvoll, 20°C als doppelt so warm zu bezeichnen wie 10°C, da diese Relation in Fahrenheit nicht erhalten beibt.
- Wochenzählung im Kalenderjahr, da der Jahresanfang bei unterschiedlichen Kulturen verschieden ist.

Verhältnisskalen: Neben der Differenz ist auch das Verhältnis zweier Merkmalswerte aussagefähig. Der Nullpunkt ist „auf natürliche Weise" oder durch Konvention vorgegeben.

Beispiele: Alter, Gewicht, Einkommen, ...

Absolutskalen: Neben dem Nullpunkt ist auch die Einheit natürlich vorgegeben, also nicht frei wählbar.

Beispiele: Stückzahl, Semesterzahl (aber nicht Studiendauer).

---

[1] Rutsch, 1988 (S. 167), verwendet diesen Begriff nur für stetige Merkmale.

Transformation bei Skalen:

Je nach Art der Skala können unterschiedliche Transformationen (Dimensionsänderungen) auftreten:

- bei Intervallskalen: $y = \alpha x + \beta$

  Beispiel: Umrechnung von Fahrenheit (x-Wert) in Celsius (y-Wert) nach der Formel
  $$y = \frac{5}{9} \cdot (x - 32).$$

- bei Verhältnisskalen: $y = \alpha x$

  Eine Verschiebung des Nullpunkts (additive Konstante) ist nicht möglich, da dieser fest vorgegeben ist.

  Beispiel: $\alpha = 100$ bei Umrechnung von m in cm.

- bei Absolutskalen: Es ist keine Transformation zulässig, da Nullpunkt und Einheit fest vorgegeben sind.

Übungsaufgaben

1. Zu den Merkmalen, die bei den graphischen Darstellungen aus Übungsaufgabe 1 § 2 auftreten, stelle man die Merkmalsart fest.

2. Um was für Merkmale handelt es sich in folgenden Beispielen?

    a) Aggregatzustand (fest/flüssig/gasförmig)

    b) Hektarertrag bei Spargel

    c) Lebensdauer bei Glühbirnen

    d) Spezifisches Gewicht

    e) Eingespielte Gewinnsumme beim Tennis

    f) Blutgruppe

    g) Ligazugehörigkeit bei Fußballmannschaften

4 Häufigkeitsverteilungen

Ist das Merkmal auf einer statistischen Masse erhoben, also von jeder statistischen Einheit bekannt, welche Merkmalsausprägung sie trägt, so kann mit der Auswertung begonnen werden. Dabei beschränken wir uns zunächst auf die Situation, daß nur ein Merkmal untersucht wird. Damit können die erhobenen Daten in einer Tabelle der Form

Statistische Einheit	s_1	s_2	s_3	$\cdots$	s_n
Merkmalswert	x_1	x_2	x_3	$\cdots$	x_n

dargestellt werden, aus der für jede Einheit s_i der zugehörige Merkmalswert x_i abgelesen werden kann. Den Statistiker interessiert jedoch nicht (zumindest sollte es dies nicht), die genaue Zuordnung von statistischer Einheit und Merkmalswert zu kennen, also z.B. ob Manfred Müller aus Stutensee ledig, verheiratet, geschieden oder verwitwet ist. Vielmehr benötigt er für die weitere Auswertung nur die Liste der aufgetretenen Merkmalswerte und nicht die Kenntnis, wer welche Merkmalsausprägung trägt. In der Tabelle oben ist also nur die zweite Zeile von Bedeutung. Löscht man die erste Zeile und „vergißt" überdies die Reihenfolge der statistischen Einheiten in Zeile 1 bzw. mischt die Werte in Zeile 2, so ist die Tabelle nicht rekonstruierbar, die Daten sind dann „anonym".

Beispiel: Die Volkszählung 1987 wurde mit einem sogenannten Mantelbogen und Erhebungsbögen durchgeführt. Auf dem Mantelbogen wurden die Personen eines Haushaltes namentlich aufgeführt, deren Merkmalswerte in einzelnen Erhebungsbögen erfaßt wurden. Der Zusammenhang zwischen Mantelbogen und Erhebungsbögen wurde durch Kennziffern hergestellt. Die Anonymisierung der Daten - nach der vorgesehenen Prüfung auf Korrektheit - kann dann durch eine Trennung der Bögen erfolgen, wobei die Mantelbögen mit der Beziehung Name und Kennziffer zu vernichten sind.[1]

Grundlage der weiteren Auswertung ist damit die Liste der beobachteten Merkmalswerte

$$x_1, x_2, x_3, ..., x_n,$$

die auch **Urliste** oder **statistische Reihe** genannt wird (Die Anzahl der statistischen Einheiten sei wieder mit n bezeichnet.). Für die folgenden Überlegungen ist es wichtig, die Liste der Merkmalswerte (die Urliste) und die

---

[1] Davon bleibt unberührt, daß allein anhand der Kombination einzelner Merkmalswerte die zugehörige Person in vielen Fällen wieder festgestellt werden kann.

Menge M der möglichen Merkmalsausprägungen genau zu unterscheiden, insbesondere dann, wenn die Menge M auch in Listenform z.B. bei Tabellen gegeben ist. Aus diesem Grund verwenden wir bei der Urliste die Buchstaben x und y und die Bezeichnung Merkmalswert und bei der Menge M die Buchstaben a und b und die Bezeichnung Merkmalsausprägung.

4.1 Beispiele für Urlisten

1. Im Leistungskurs Mathematik eines Jahrgangs eines Gymnasiums wurden folgende Ergebnisse erzielt:

Schüler	s_1	s_2	s_3	s_4	s_5	s_6	s_7	s_8	s_9	s_{10}
Punktzahl	8	14	9	13	8	12	9	11	12	9

Schüler	s_{11}	s_{12}	s_{13}	s_{14}	s_{15}	s_{16}	s_{17}	s_{18}	s_{19}	s_{20}
Punktzahl	12	14	10	12	9	7	11	12	13	9

Zugehörige Urliste ist also:

$$8, 14, 9, 13, 8, 12, 9, 11, 12, 9, 12, 14, 10, 12, 9, 7, 11, 12, 13, 9.$$

2. Die Spieler eines Bundesligavereins (17 Spieler) wurden nach ihrem letzten Schul- bzw. Hochschulabschluß befragt. Dabei bedeuten: H Hauptschule, B Berufsschule, R Realschule, A Abitur, FO Fachoberschule, FH Fachhochschule, U Universität:

Spieler	s_1	s_2	s_3	s_4	s_5	s_6	s_7	s_8	s_9	s_{10}
Abschluß	A	H	H	H	U	R	B	H	B	B

Spieler	s_{11}	s_{12}	s_{13}	s_{14}	s_{15}	s_{16}	s_{17}
Abschluß	R	R	FO	H	A	A	R

Zugehörige Urliste ist also:

$$A, H, H, H, U, R, B, H, B, B, R, R, FO, H, A, A, R.$$

Betrachtet man die Urliste in den beiden Beispielen, so ist es naheliegend, diese dadurch übersichtlicher zu gestalten, daß man die Werte ordnet.

Im Beispiel 1 erhält man dann:

4 Häufigkeitsverteilungen

7, 8, 8, 9, 9, 9, 9, 9, 10, 11, 11, 12, 12, 12, 12, 12, 13, 13, 14, 14,

wobei sich die Reihenfolge aufsteigend (natürlich ist auch absteigend möglich) aus der Ordnung der natürlichen Zahlen ergibt.

Bei einem quantitativen Merkmal können also die Werte der Urliste entsprechend der Ordnung der reellen Zahlen umsortiert („geordnet") werden. Man erhält bei aufsteigender Reihenfolge die „**geordnete Urliste**". Diese besteht aus derselben Anzahl von Merkmalswerten, wobei gegenüber der ursprünglichen Liste nur eine Umsortierung vorgenommen wurde. Die geordnete Urliste wird wie folgt geschrieben:[2]

$$x_{(1)}, x_{(2)}, x_{(3)}, ..., x_{(n)}.$$

Auch bei einem Rangmerkmal kann die Urliste geordnet werden, wobei man dann entsprechend der natürlichen Reihenfolge der Merkmalsausprägungen vorgeht.

Bei einer größeren Anzahl von Daten als hier in diesem Beispiel wird eine reine Auflistung der Zahlen schnell unübersichtlich.

4.2 Beispiel

Bei den Altersangaben von 40 Beschäftigten einer Behörde

```
37, 58, 63, 17, 28, 46, 57, 26, 39, 47,
16, 62, 44, 39, 48, 27, 35, 59, 19, 26,
55, 36, 37, 48, 28, 46, 18, 62, 25, 37,
38, 45, 59, 61, 29, 36, 28, 42, 29, 37.
```

erhalten wir als geordnete Urliste

```
16, 17, 18, 19, 25, 26, 26, 27, 28, 28,
28, 29, 29, 35, 36, 36, 37, 37, 37, 37,
38, 39, 42, 44, 45, 46, 46, 47, 48, 48,
55, 57, 57, 58, 59, 59, 61, 62, 62, 63.
```

Diese Liste wird offensichtlich wesentlich übersichtlicher, wenn wir sie nach der Zehnerziffer zeilenweise ordnen. Außerdem können wir uns dann noch die

---

[2] Durch die Klammern soll zum Ausdruck kommen, daß die Reihenfolge gegenüber der ursprünglichen Liste geändert wurde. Urliste und geordnete Urliste enthalten dieselben Werte, stimmen aber eben in der Reihenfolge in der Regel nicht überein.

Mühe sparen, diese Zehnerziffer immer wieder hinzuschreiben. Das Ergebnis könnte etwa so aussehen:

```
1 | 6 7 8 9
2 | 5 6 6 7 8 8 8 9 9
3 | 5 6 6 7 7 7 7 8 9 9
4 | 2 4 5 6 6 7 8 8
5 | 5 7 8 9 9
6 | 1 2 2 3
7 |
```

Links des senkrechten Strichs sind die Zehnerziffern, rechts davon die zugehörigen Einerziffern der Merkmalswerte der Urliste aufgeführt. Eine solche Darstellung heißt **Stiel- und Blatt-Darstellung (Stengel-Blatt-Diagramm)** vom englischen stem-and-leaf-display.[3] Auffallend ist bei dieser Darstellung unmittelbar, daß die Beschäftigten in den Zwanzigern, Dreißigern, Vierzigern und Fünfzigern jeweils in der oberen Hälfte gehäuft auftreten, daß also die untere Hälften der Zehnergruppen „dünn besetzt" sind.

Bei qualitativen Merkmalen ist eine Ordnung der Urliste in dieser Art nicht möglich. Hier kann nur so umsortiert werden, daß identische Merkmalswerte benachbart sind.

4.3 Beispiel

"absolute Häufigkeit: $h(a)$"

Umsortierung in Beispiel 4.1 2.:

$$A, A, A, H, H, H, H, H, U, R, R, R, R, B, B, B, FO$$

oder kürzer

$$A(3), H(5), U(1), R(4), B(3), FO(1), (FH(O)),$$

wobei die Zahl in der Klammer die Anzahl des Auftretens angibt. Diese Zahl wird auch absolute Häufigkeit genannt.

Die absolute **Häufigkeit** einer Merkmalsausprägung a ist die Anzahl der Merkmalswerte der Urliste, die mit a übereinstimmen; sie wird mit $h(a)$ bezeichnet:

---

[3] Für Varianten dieser Darstellung siehe Polasek, 1988, und Rutsch, 1988.

$$h(a) = \#\{i \mid i = 1, 2, 3, ..., n : x_i = a\}.$$

Ist eine Urliste $x_1, x_2, \ldots, x_n$ gegeben, so kann für jede Merkmalsausprägung $a \in M$ die absolute Häufigkeit $h(a)$ bestimmt werden. Die Zusammenstellung der absoluten Häufigkeiten $h(a)$ für alle $a \in M$ nennt man **absolute Häufigkeitsverteilung.** Mathematisch formuliert handelt es sich also um eine Abbildung $h : M \to \mathbb{N} \cup \{0\}$, die im allgemeinen in Tabellenform wiedergegeben wird.

4.4 Beispiel

Häufigkeitsverteilung zu den Beispielen 4.1 1. und 2.:

Punktzahl	0	1	2	3	4	5	6	7	8	9	10	11	12	13
Absolute H.	0	0	0	0	0	0	0	1	2	5	1	2	5	2

Punktzahl	14	15
Absolute H.	2	0

Abschluß	A	H	U	R	B	FO	FH
Absolute H.	3	5	1	4	3	1	0

Bei Urlisten, deren Umfang eine manuelle Bearbeitung zuläßt, aber für ein „Durchzählen" zu groß ist, kann die Ermittlung der Häufigkeitsverteilung über eine „Strichliste" erfolgen. Das folgende Beispiel erläutert die Vorgehensweise.

4.5 Beispiel "Strichliste"

Bei einer Untersuchung über die Kinderzahl von Haushalten erhielt man folgende Angaben:

4, 1, 3, 2, 1, 0, 1, 1, 2, 2, 4, 3, 1, 5, 3, 1, 1, 1, 0, 2,
2, 2, 1, 3, 3, 1, 2, 0, 0, 4, 2, 1, 1, 3, 4, 4, 1, 1, 2, 2.

Daraus ergibt sich zunächst die Strichliste, die dann direkt zu einer Häufigkeitstabelle führt:

Kinderzahl		Häufigkeit
0						4
1														14
2										10
3							6
4						5
5			1
6		0
		$\sum = 40$

Mit Hilfe der Häufigkeitsverteilung läßt sich auch die Anzahl der Beobachtungen und damit der statistischen Einheiten rekonstruieren: Es gilt[4]

$$n = \sum_{a \in M} h(a),$$

es sind also die absoluten Häufigkeiten aller Merkmalsausprägungen aufzusummieren.

Die einzelnen absoluten Häufigkeiten sind ohne Kenntnis der Gesamtzahl der Merkmalswerte nicht sehr aussagefähig. Aus diesem Grund werden die absoluten Häufigkeiten mit der Gesamtzahl der Merkmalswerte der statistischen Reihe, also der Anzahl der statistischen Einheiten, in Beziehung gesetzt, indem man den Anteil der absoluten Häufigkeit einer Merkmalsausprägung an der Gesamtzahl der aufgeführten Merkmalswerte angibt.

Sei n die Anzahl der Merkmalswerte der Urliste und damit die Anzahl der statistischen Einheiten, so wird für eine Merkmalsausprägung a das Verhältnis

$$\frac{h(a)}{n} \quad \text{als relative Häufigkeit}$$

und

$$\frac{h(a)}{n} \cdot 100\% \quad \text{als prozentuale relative Häufigkeit}$$

bezeichnet. Da aus dem Zusammenhang stets klar wird, welche der Größen gemeint ist, wird für beide die Abkürzung p(a) verwendet. Die **relative**

---

[4] Da die Urliste endlich ist, sind höchstens endlich viele Summanden von Null verschieden, Konvergenzprobleme treten also auch bei unendlicher Menge M nicht auf.

Häufigkeitsverteilung ist analog die Zusammenstellung aller relativen Häufigkeiten $p(a), a \in M$ (mathematisch formuliert die Abbildung $p : M \mapsto [0,1]$ bzw. $[0,100]$). Offensichtlich gilt: $\sum p(a) = 1$ bzw. 100, was zu Kontrollzwecken (Rechenfehler, Programmfehler, ...) verwendet werden kann.

4.6 Beispiel

Relative Häufigkeitsverteilung zu Beispiel 4.1 und 4.5:

Punktzahl	0	1	2	3	4	5	6	7	8	9	10	11	12
Relative H.in %	0	0	0	0	0	0	5	10	25	5	10	25	10

Punktzahl	13	14	15
Relative H.in %	10	10	0

Abschluß	A	H	U	R	B	FO	FH
Relative H.	3/17	5/17	1/17	4/17	3/17	1/17	0

Kinderzahl	0	1	2	3	4	5	6
Relative H.	.10	.35	.25	.15	.125	.025	0

Die Häufigkeitsverteilungen haben gegenüber der Urliste den Vorteil der größeren Übersichtlichkeit. Dieser Vorteil geht allerdings verloren, wenn keine oder nur wenige Merkmalswerte der Urliste übereinstimmen. Dies wird dann auftreten, wenn die Anzahl der möglichen Merkmalsausprägungen groß ist gegenüber der Anzahl der statistischen Einheiten, also insbesondere bei stetigen Merkmalen (§ 3, S.22), wie etwa in folgendem Beispiel.

4.7 Beispiel

Die Messung der Körpergröße von 20 Personen ergab folgende Urliste:

1.49, 1.87, 1.91, 1.53, 1.68, 1.75, 1.66, 1.82, 1.76, 1.80,

1.92, 1.71, 1.77, 1.69, 1.57, 1.83, 1.84, 1.47, 1.79, 1.81.

Damit ist die absolute (relative) Häufigkeit für jeden Wert der Urliste 1 (0.05) und 0 (0) für alle übrigen Merkmalsausprägungen.

In diesem Fall kann man sich dadurch behelfen, daß man die Merkmalsausprägungen zu Klassen zusammenfaßt. Sinnvollerweise wird dabei jeweils aus nahe beieinander liegenden Merkmalsausprägungen eine Klasse gebildet. Dies geschieht bei quantitativen Merkmalen dadurch, daß man Intervalle als Klassen verwendet, wobei die Obergrenze eines Intervalls gleichzeitig Untergrenze des nächsten ist.

4.8 Klassierung zu Beispiel 4.7

Es bietet sich an, folgende Klassen zu bilden: von 1.40 bis unter 1.50, von 1.50 bis unter 1.60, von 1.60 bis unter 1.70, ...

Damit erhält man folgende Tabelle:

Klasse	1 1.40 b.u. 1.50	2 1.50 b.u. 1.60	3 1.60 b.u. 1.70
Absolute H.	2	2	3
Relative H.	0.1 $\hat{=} \frac{2}{20}$	0.1 $\hat{=} \frac{2}{20}$	0.15 $\hat{=} \frac{3}{20}$

Klasse	4 1.70 b.u. 1.80	5 1.80 b.u. 1.90	6 1.90 b.u. 2.00	Σ
Absolute H.	5	6	2	20
Relative H.	0.25 $\hat{=} \frac{5}{20}$	0.3 $\hat{=} \frac{6}{20}$	0.1 $\hat{=} \frac{2}{20}$	1

Eine **Klassierung von Merkmalsausprägungen** ist also eine Zusammenfassung von Merkmalsausprägungen zu **Klassen**. Dabei muß jede Merkmalsausprägung genau einer Klasse angehören. Bei quantitativen Merkmalen erfolgt die Klasseneinteilung durch Angabe von **unteren** und **oberen Klassengrenzen**, wobei jeweils anzugeben ist, ob die Klassengrenze zur Klasse gehört oder nicht. Obere Klassengrenze einer Klasse ist gleichzeitig untere Klassengrenze der nächsten Klasse. **Offene Randklassen** haben nur eine Klassengrenze und zwar eine obere Klassengrenze bei den **nach links offenen** Randklassen und eine untere bei den **nach rechts offenen** Randklassen. Dabei werden alle Merkmalsausprägungen zusammengefaßt, die links (rechts) von der Klassengrenze liegen. Die Klassengrenze kann dabei zur Klasse gehören oder auch nicht. Offene Randklassen werden immer dann verwendet, wenn die Mehrzahl der Werte in einem begrenzten Bereich und einige wenige Werte weit verstreut liegen. Klassen werden im folgenden mit I bzw. J bezeichnet, die zugehörige untere Klassengrenze mit α_I bzw. α_J, die obere mit β_I bzw. β_J.

4 Häufigkeitsverteilungen

4.9 Beispiele für die Wiedergabe klassierter Daten

Tabelle 1: Unbeschränkt Lohn- und Einkommensteuerpflichtige 1983
Ergebnisse der Lohn- und Einkommensteuerstatistiken

Gesamtbetrag der Einkünfte von...bis unter...DM	Lohn- und Einkommensteuerpflichtige insgesamt		Einkommensteuerpflichtige				Nichtveranlagte Lohnsteuerpflichtige			
			zusammen		darunter veranlagte Lohnsteuerpflichtige		zusammen		darunter Lohnsteuerpflichtige mit maschinellem Lohnsteuer-Jahresausgleich	
	Einheit	%	Einheit	%	Einheit	%	Einheit	%	Einheit	%
Steuerpflichtige Anzahl										
1 – 4 000	1 437 719	6,6	98 493	0,8	34 229	0,3	1 339 226	13,8	687 667	8,5
4 000 – 8 000	1 402 581	6,4	355 776	2,9	153 878	1,5	1 046 805	10,8	730 158	9,0
8 000 – 12 000	1 161 213	5,3	448 376	3,7	229 324	2,2	712 837	7,4	575 605	7,1
12 000 – 16 000	1 101 659	5,0	426 141	3,5	263 618	2,5	675 518	7,0	562 412	6,9
16 000 – 20 000	1 204 212	5,5	443 494	3,7	320 756	3,0	760 718	7,9	668 070	8,2
20 000 – 25 000	1 809 656	8,3	625 370	5,2	502 058	4,8	1 184 286	12,2	1 083 177	13,3
25 000 – 30 000	2 144 733	9,8	999 240	8,2	900 848	8,5	1 145 493	11,8	1 071 205	13,2
30 000 – 40 000	4 044 985	18,5	2 568 231	21,2	2 420 012	22,9	1 476 754	15,2	1 401 623	17,2
40 000 – 50 000	2 669 989	12,2	1 744 849	14,4	1 647 634	15,6	925 140	9,5	925 140	11,4
50 000 – 60 000	1 821 937	8,4	1 412 761	11,6	1 348 314	12,8	409 176	4,2	409 176	5,0
60 000 – 75 000	1 483 712	6,8	1 472 303	12,1	1 408 100	13,3	11 409	0,1	11 409	0,1
75 000 – 100 000	871 009	4,0	870 953	7,2	809 374	7,7	56	0,0	56	0,0
100 000 – 250 000	555 715	2,5	555 715	4,6	457 691	4,3	–	–	–	–
250 000 – 500 000	75 044	0,3	75 044	0,6	50 953	0,5	–	–	–	–
500 000 – 1 Mill.	21 108	0,1	21 108	0,2	13 305	0,1	–	–	–	–
1 Mill. – 2 Mill.	6 682	0,0	6 682	0,1	3 868	0,0	–	–	–	–
2 Mill. – 5 Mill.	2 761	0,0	2 761	0,0	1 486	0,0	–	–	–	–
5 Mill. – 10 Mill.	616	0,0	616	0,0	328	0,0	–	–	–	–
10 Mill. und mehr	259	0,0	259	0,0	129	0,0	–	–	–	–
Insgesamt	21 815 590	100	12 128 172	100	10 565 905	100	9 687 418	100	8 125 698	100
Gesamtbetrag der Einkünfte 1 000 DM										
1 – 4 000	2 566 634	0,3	270 213	0,0	98 115	0,0	2 296 421	1,1	1 294 299	0,7
4 000 – 8 000	8 472 695	1,0	2 205 757	0,4	964 127	0,2	6 266 938	3,0	4 460 260	2,3
8 000 – 12 000	11 577 242	1,4	4 468 970	0,7	2 304 578	0,4	7 108 272	3,4	5 747 842	2,9
12 000 – 16 000	15 424 809	1,8	5 963 693	1,0	3 704 197	0,7	9 461 116	4,5	7 880 180	4,0
16 000 – 20 000	21 733 328	2,6	7 991 068	1,3	5 793 293	1,1	13 742 260	6,5	12 073 092	6,1
20 000 – 25 000	40 898 431	4,9	14 105 265	2,3	11 350 523	2,1	26 793 166	12,6	24 518 774	12,4
25 000 – 30 000	59 055 492	7,1	27 914 901	4,5	25 222 317	4,6	31 140 591	14,7	29 111 117	14,7
30 000 – 40 000	140 525 183	16,8	88 964 895	14,3	83 836 820	15,4	51 560 288	24,3	48 970 358	24,8
40 000 – 50 000	119 266 753	14,3	78 258 195	12,6	73 920 576	13,5	41 008 558	19,3	41 008 558	20,7
50 000 – 60 000	99 575 165	11,9	77 623 340	12,5	74 103 735	13,6	21 951 825	10,4	21 951 825	11,1
60 000 – 75 000	98 587 075	11,8	97 875 367	15,7	93 581 100	17,1	711 708	0,3	711 708	0,4
75 000 – 100 000	73 915 408	8,9	73 910 976	11,9	68 607 528	12,6	4 432	0,0	4 432	0,0
100 000 – 250 000	76 877 315	9,2	76 877 315	12,3	62 550 767	11,4	–	–	–	–
250 000 – 500 000	25 186 617	3,0	25 186 617	4,0	17 029 712	3,1	–	–	–	–
500 000 – 1 Mill.	14 185 455	1,7	14 185 455	2,3	8 883 470	1,6	–	–	–	–
1 Mill. – 2 Mill.	9 046 595	1,1	9 046 595	1,5	5 216 773	1,0	–	–	–	–
2 Mill. – 5 Mill.	8 192 124	1,0	8 192 124	1,3	4 401 956	0,8	–	–	–	–
5 Mill. – 10 Mill.	4 150 007	0,5	4 150 007	0,7	2 246 886	0,4	–	–	–	–
10 Mill. und mehr	5 593 444	0,7	5 593 444	0,9	2 742 801	0,5	–	–	–	–
Insgesamt	834 829 772	100	622 784 197	100	546 159 354	100	212 045 575	100	197 732 445	100
Festgesetzte Einkommensteuer/Jahreslohnsteuer 1 000 DM										
1 – 4 000	18 573	–	1 084	0,0	536	0,0	17 489	0,1	7 042	0,0
4 000 – 8 000	156 362	0,1	32 070	0,0	13 751	0,0	124 292	0,5	97 971	0,4
8 000 – 12 000	590 686	0,4	149 238	0,1	75 860	0,1	441 448	1,8	369 337	1,6
12 000 – 16 000	1 070 849	0,7	280 612	0,2	173 052	0,2	790 237	3,3	684 624	3,0
16 000 – 20 000	1 921 401	1,2	487 458	0,4	355 216	0,3	1 433 943	5,9	1 273 219	5,5
20 000 – 25 000	4 374 313	2,8	1 128 338	0,9	923 638	0,8	3 245 975	13,4	2 981 009	13,0
25 000 – 30 000	7 129 636	4,6	3 283 352	2,5	3 050 992	2,8	3 846 284	15,8	3 559 785	15,5
30 000 – 40 000	18 842 438	12,1	13 073 651	10,0	12 518 276	11,3	5 768 787	23,7	5 384 530	23,4
40 000 – 50 000	17 783 660	11,4	12 467 899	9,5	11 883 528	10,8	5 315 761	21,9	5 315 761	23,1
50 000 – 60 000	16 183 670	10,4	12 955 754	9,9	12 392 181	11,2	3 227 916	13,3	3 227 916	14,0
60 000 – 75 000	18 170 752	11,7	18 077 044	13,8	17 273 210	15,6	93 708	0,4	93 708	0,4
75 000 – 100 000	16 261 026	10,4	16 260 776	12,4	15 073 417	13,6	429	0,0	429	0,0
100 000 – 250 000	23 162 982	14,9	23 162 982	17,6	18 501 743	16,8	–	–	–	–
250 000 – 500 000	10 421 613	6,7	10 421 613	7,9	7 045 896	6,4	–	–	–	–
500 000 – 1 Mill.	6 487 810	4,2	6 487 810	4,9	4 069 828	3,7	–	–	–	–
1 Mill. – 2 Mill.	4 336 230	2,8	4 336 230	3,3	2 514 500	2,3	–	–	–	–
2 Mill. – 5 Mill.	4 006 043	2,6	4 006 043	3,1	2 168 434	2,0	–	–	–	–
5 Mill. – 10 Mill.	2 051 354	1,3	2 051 354	1,6	1 114 387	1,0	–	–	–	–
10 Mill. und mehr	2 668 568	1,7	2 668 568	2,0	1 300 343	1,2	–	–	–	–
Insgesamt	155 638 145	100	131 331 876	100	110 448 788	100	24 306 269	100	22 995 331	100

Abbildung 4.1 Unbeschränkt Lohn- und Einkommssteuerpflichtige 1983, Quelle: Wirtschaft und Statistik.

Umsatz von ... bis unter ... DM	Unternehmen am 29. März 1985 Anzahl	Umsatz 1984 Mill. DM
250 000 – 500 000	65 043	23 254
500 000 – 1 Mill.	50 679	35 709
1 Mill. – 2 Mill.	33 957	46 989
2 Mill. – 5 Mill.	17 276	51 570
5 Mill. – 10 Mill.	5 195	35 893
10 Mill. – 25 Mill.	2 731	41 199
25 Mill. – 50 Mill.	724	24 506
50 Mill. – 100 Mill.	310	21 218
100 Mill. – 250 Mill.	165	25 366
250 Mill. – 1 Mrd.	130	56 364
1 Mrd. und mehr	27	91 241

Abbildung 4.2   Unternehmen und Umsatz im Einzelhandel nach Umsatzgrößenklassen (Ergebnis der Handels- und Gaststättenzählung 1985), Quelle: Wirtschaft und Statistik.

Wesentliche Kenngrößen bei der Klassierung quantitativer Merkmale sind:

a) **Klassenbreite** $\Delta_I = \beta_I - \alpha_I$: Differenz aus oberer und unterer Klassengrenze. Die Klassenbreite sollte in der Regel (natürlich bis auf offene Randklassen) einheitlich sein.

Ausnahme: Die Anzahl der Werte ist in einem zentralen Bereich groß und nimmt nach außen immer mehr ab. Im Bereich mit vielen Werten wird eng klassiert (sonst wählt man breite Klassen), um den Informationsverlust gering zu halten (s. Beispiel).

b) **Klassenmitte** $z_I = 0.5(\alpha_I + \beta_I)$: Arithmetisches Mittel aus unterer und oberer Klassengrenze. Die Klassenmitten werden bei einigen Berechnungen und graphischen Darstellungen als Repräsentanten der Klassen verwendet.

Da die Klassenmitte gelegentlich als Ersatzwert für die (i.a. unbekannten) Merkmalswerte in der Klasse benutzt wird, muß dies bei diskreten Merkmalen bei der Festlegung der Klassengrenzen beachtet werden: In jeder Klasse sollte die Klassenmitte mit dem Durchschnittswert der Merkmalsausprägungen übereinstimmen, die in dieser Klasse möglich sind.

Beispiel: Sollen etwa Personenzahlen zu Klassen zusammengefaßt werden und faßt man die möglichen Anzahlen 100, 101,...,199 in einer Klasse zusammen, so ist das arithmetische Mittel 149,5. Verwendet man als Klassengrenzen 100 und 200, so ist 150 die Klassenmitte. Man wählt also besser 99.5 und 199.5 mit der Klassenmitte 149.5. Die Anzahl der Merkmalswerte, also die absolute Häufigkeit der Klasse, wird dabei nicht berührt, da ohnedies nur natürliche Zahlen auftreten können.

c) **Anzahl der Klassen:** Je nach Anzahl der statistischen Einheiten (Beobachtungswerte) ist die Anzahl der Klassen festzulegen. Da umso mehr Information verlorengeht, je größer die Klassen und damit je kleiner die Anzahl der Klassen ist, so ist bei der Festlegung der Klassen die Relation zwischen der Anzahl von Beobachtungswerten und der Anzahl von Klassen zu berücksichtigen. Richtlinien hierzu liefert die DIN-Norm 55302:[5]

Anzahl der Beobachtungswerte	Anzahl der Klassen
bis 100	mindestens 10
etwa 1.000	mindestens 13
etwa 10.000	mindestens 16
etwa 100.000	mindestens 20

Analog zu obigem Beispiel kann zu jeder Klasse die absolute und relative Häufigkeit festgestellt werden. Es ist dies die Anzahl (bzw. der Anteil) der statistischen Einheiten, deren Merkmalswert in die betrachtete Klasse fällt. Die Zusammenstellung aller absoluten (relativen) Häufigkeiten heißt entsprechend absolute (relative) Häufigkeitsverteilung eines klassierten Merkmals. Die Klassierung eines Merkmals kann vor oder nach der Erhebung durchgeführt werden. Im ersten Fall wird bei jeder statistischen Einheit nur geprüft, in welche Klasse ihr Merkmalswert fällt, im zweiten Fall wird der Merkmalswert zunächst exakt gemessen und erst später - z.B. für graphische Darstellungen oder Veröffentlichungen in übersichtlicher Form - die zugehörige Klasse bestimmt. Der Vorteil einer Einteilung vor der Erhebung liegt in einer Vereinfachung der Datenermittlung und damit auch möglicherweise in einer Vermeidung von Erhebungsfehlern, sie ist aber mit einem Genauigkeitsverlust verbunden. Bei stetigen Merkmalen werden die Merkmalswerte mit einer (in der Regel vorher festgelegten) Meßgenauigkeit erhoben. Dies bedeutet, daß nicht der exakte Wert ermittelt wird, sondern nur ein Näherungswert. Beispielsweise wird durch die Angabe „Körpergröße: 1.72m" abkürzend wiedergegeben, daß der exakte Wert mindestens 1.71500...m und weniger als 1.72500...m ist, daß also der exakte Wert in das Intervall [1.715, 1.725) fällt; Ferschl, 1978, S. 31f., spricht hier von einem **Urlistenintervall**. Bei korrekter Vorgehensweise ist dies bei der Klassenbildung zu berücksichtigen; die

---

[5] Detailliertere Überlegungen zur Anzahl der Klassen findet man z.B. in Polasek, 1988, S. 22ff.

Klassengrenzen dürfen nicht so gewählt werden, daß sie ins Innere eines durch die Meßgenauigkeit festgelegten Intervalls fallen. Allerdings wird man wie im obigen Beispiel wegen der Übersichtlichkeit in der Tabelle nicht die Grenzen aus den Urlistenintervallen verwenden. Bei den weiteren Berechnungen sollten aber die „echten" Klassengrenzen zugrundegelegt werden.

4.10 Beispiel

Die Tabelle zur Klassierung von Beispiel 4.7 bzw. 4.8 müßte korrekt lauten:

Klasse	1 1.395 b.u. 1.495	2 1.495 b.u. 1.595	3 1.595 b.u. 1.695
Absolute H.	2	2	3
Relative H.	0.1	0.1	0.15

Klasse	4 1.695 b.u. 1.795	5 1.795 b.u. 1.895	6 1.895 b.u. 1.995	Σ
Absolute H.	5	6	2	20
Relative H.	0.25	0.3	0.1	1

Klassenmitten sind also nicht 1.45, 1.55,..., sondern korrekterweise 1.445, 1.555,... . Der Unterschied wirkt sich jedoch i.a. nicht sehr aus und wird daher oft nicht beachtet.

Im folgenden haben wir also drei verschiedene Typen von Datenmaterial zu unterscheiden:

1. Urliste, geordnet oder ungeordnet,

2. Häufigkeitsverteilung, absolut oder relativ,

3. Häufigkeitsverteilung eines klassierten Merkmals, ebenfalls absolut oder relativ.

Eine weitere Möglichkeit, das Datenmaterial übersichtlich darzustellen und gleichzeitig naheliegende Fragestellungen zu beantworten, besteht bei Rangmerkmalen und quantitativen Merkmalen: Da in diesen Fällen die Merkmalsausprägungen geordnet sind, kann man zu jeder Merkmalsausprägung a die Anzahl der statistischen Einheiten feststellen, deren Merkmalswert in dieser Ordnung vor a kommt oder mit a übereinstimmt, bei quantitativen Merkmalen also kleiner oder höchstens gleich a ist.

4.11 Beispiele

a) Bei den Studienabgängern eines Jahres wurde folgende Häufigkeitsverteilung der Gesamtnote festgestellt:

nicht bestanden[6]	ausreichend	befriedigend	gut	sehr gut
7	28	27	33	5

Man erhält damit

Abschluß	Anzahl
nicht bestanden oder ohne Abschluß	7
ausreichend oder schlechter	35
befriedigend oder schlechter	62
gut oder schlechter	95
sehr gut oder schlechter	100

b) In Beispiel 4.1 ergibt sich:

Punkte	Anzahl
bis einschließlich 6	0
bis einschließlich 7	1
bis einschließlich 8	3
bis einschließlich 9	8
bis einschließlich 10	9
bis einschließlich 11	11
bis einschließlich 12	16
bis einschließlich 13	18
bis einschließlich 14	20
bis einschließlich 15	20

Da hierbei die Häufigkeiten von Merkmalsausprägungen aufsummiert werden, spricht man von **Summenhäufigkeiten**.

Summenhäufigkeit (absolut bzw. relativ) einer Merkmalsausprägung ist die Summe aller Häufigkeiten (absolut bzw. relativ) der Merkmalsausprägungen, die bezüglich der Ordnung der Merkmalsausprägungen ($\leq$ bei quantitativen Merkmalen) die betrachtete Merkmalsausprägung nicht überschreiten. Die Bezeichnung ist: **H(a)** bzw. **F(a)**. Für quantitative Merkmale erhält man die formale Darstellung:

---

[6] bzw. ohne Abschluß.

$$H(a) = \sum_{a' \leq a} h(a') \quad \text{bzw.} \quad F(a) = \sum_{a' \leq a} p(a').$$

Liegt die Häufigkeitsverteilung eines klassierten Merkmals vor, so sind Summenhäufigkeiten exakt nur für Klassengrenzen bestimmbar (Für die Bestimmung von Näherungswerten s. § 4 S. 58ff). Bei der Interpretation der Summenhäufigkeiten ist dabei noch darauf zu achten, ob die Klassengrenze zur Klasse gehört oder nicht.

4.12 Beispiel

Aus der Häufigkeitsverteilung von Beispiel 4.8 ergeben sich folgende Summenhäufigkeiten:

Körpergröße in cm	140	150	160	170	180	190	200
abs. Summenhäufigkeit	0	2	4	7	12	18	20
rel. Summenhäufigkeit	0	0.1	0.2	0.35	0.6	0.9	1

Die absolute Summenhäufigkeit gibt hier die Anzahl der Personen an, deren Körpergröße unter 140 cm, 150 cm[7], usw. liegt, da die obere Klassengrenze jeweils nicht zur Klasse gehört; die relative Summenhäufigkeit beschreibt den Anteil dieser Personen an der statistischen Masse.

Formal ergeben sich die **Summenhäufigkeiten bei klassierten Daten** für eine Klassengrenze a, wie folgt:

$$H(a) = \sum_{I : \beta_I \leq a} h(I) \quad \text{bzw.} \quad F(a) = \sum_{I : \beta_I \leq a} p(I).$$

Anstelle der Summenhäufigkeit kann man auch die Häufigkeiten der Merkmalsausprägungen oberhalb einer vorgegebenen Merkmalsausprägung aufsummieren. Man erhält dann das statistische Komplement $n - H(a)$ bzw. $1 - F(a)$, die sogenannte **Resthäufigkeit**.

Bei einem quantitativen Merkmal ist $M \subseteq \mathbb{R}$ und dementsprechend kann für jede reelle Zahl x der Anteil aller Merkmalswerte festgestellt werden, die

---
[7] genauer 139.5, 149.5,..., vgl. Bsp. 4.10.

4 Häufigkeitsverteilungen

diese Merkmalsausprägung nicht überschreiten. Man erhält auf diese Weise eine Funktion, die jeder reellen Zahl einen Wert zwischen 0 und 1 einschließlich zuordnet. Wegen der übereinstimmenden Bedeutung mit den relativen Summenhäufigkeiten können wir ohne Verwechslungsgefahr auch hier die Bezeichnung $F(x)$ für den Wert dieser Funktion an der Stelle x verwenden. Sei $x_1, x_2, ..., x_n$ die Urliste, so erhält man

$$F(x) = \frac{1}{n} \#\{i \mid i = 1, ..., n : x \leq x\}.[8]$$

Die Funktion $F : R \mapsto [0,1]$ heißt **empirische Verteilungsfunktion**. Die empirische Verteilungsfunktion ordnet also jeder reellen Zahl x den Anteil der statistischen Einheiten an der Grundgesamtheit zu, deren Merkmalswert die Zahl x nicht überschreitet.

4.13 Beispiel

Zur Urliste aus Beispiel 4.7 erhält man folgende empirische Verteilungsfunktion:

$$F(x) = \begin{cases} 0 & \text{für } x < 1.47 \\ 0.05 & \text{für } 1.47 \leq x < 1.49 \\ 0.1 & \text{für } 1.49 \leq x < 1.53 \\ 0.15 & \text{für } 1.53 \leq x < 1.57 \\ 0.2 & \text{für } 1.57 \leq x < 1.66 \\ 0.25 & \text{für } 1.66 \leq x < 1.68 \\ 0.3 & \text{für } 1.68 \leq x < 1.69 \\ 0.35 & \text{für } 1.69 \leq x < 1.71 \\ 0.4 & \text{für } 1.71 \leq x < 1.75 \\ 0.45 & \text{für } 1.75 \leq x < 1.76 \\ 0.5 & \text{für } 1.76 \leq x < 1.77 \\ 0.55 & \text{für } 1.77 \leq x < 1.79 \\ 0.6 & \text{für } 1.79 \leq x < 1.80 \\ 0.65 & \text{für } 1.80 \leq x < 1.81 \\ 0.7 & \text{für } 1.81 \leq x < 1.82 \\ 0.75 & \text{für } 1.82 \leq x < 1.83 \\ 0.8 & \text{für } 1.83 \leq x < 1.84 \\ 0.85 & \text{für } 1.84 \leq x < 1.87 \\ 0.9 & \text{für } 1.87 \leq x < 1.91 \\ 0.95 & \text{für } 1.91 \leq x < 1.92 \\ 1 & \text{für } 1.92 \leq x \end{cases}$$

---

[8] In der Literatur wird gelegentlich anstelle $\leq$ das Zeichen $<$ verwendet, woraus sich Unterschiede in der Interpretation und in den Eigenschaften der Funktion ergeben.

Daraus ergibt sich die Abbildung 4.3.

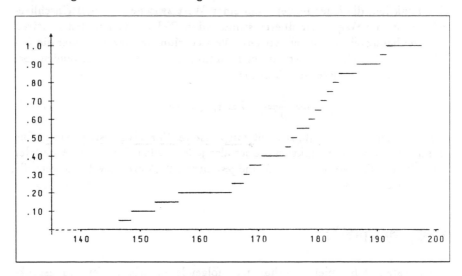

Abbildung 4.3 Empirische Verteilungsfunktion zu Beispiel 4.7 bzw. 4.13.

Wir können demnach der empirischen Verteilungfunktion bzw. dem Graphen beispielsweise entnehmen, daß 35% der Personen eine gemessene Körpergröße von maximal 1.70m aufweisen. Für $x = 1.70$ erhalten wir nämlich den Funktionswert $0.35 = 35\%$. Bei 1.90m ist der entsprechende Wert 0.9 oder 90% der Personen sind nicht größer als 1.90m.

Das Beispiel zeigt einige **typische Eigenschaften empirischer Verteilungsfunktionen:**

1. Die Funktion ist von links nach rechts ansteigend (isoton).

2. Da zwischen zwei benachbarten Werten $x_{(i)}$ und $x_{(i+1)}$ der geordneten Urliste keine Merkmalswerte beobachtet wurden, ist die Funktion in diesem Bereich konstant. Man erhält eine sogenannte „Treppenfunktion", wobei die „Treppenstufen" unterschiedliche Länge aufweisen können.

3. Die Höhe der Treppenstufen ist in der Regel (zumindest bei stetigen Merkmalen) $\frac{1}{n}$. Nur bei aufeinanderfallenden Merkmalswerten ist sie ein entsprechendes Vielfaches von $\frac{1}{n}$.

4. An der Sprungstelle nimmt die Funktion den höheren Wert an (Die Funktion ist rechtsseitig stetig.).

5. Minimalwert der Funktion ist 0, Maximalwert ist 1.

4 Häufigkeitsverteilungen

Man beachte, daß durch die Bildung der Summenhäufigkeitsverteilung bzw. der empirischen Verteilungsfunktion kein Informationsverlust entsteht, d.h. es ist möglich, aus diesen die Häufigkeitsverteilung bzw. die Urliste zu ermitteln, sofern die Anzahl der Beobachtungen bekannt ist. Bei den weiteren Auswertungen, wie sie im folgenden beschrieben werden, wird im allgemeinen das Datenmaterial verdichtet und damit übersichtlicher, aber aus den ermittelten Werten ist das Ausgangsmaterial nicht mehr rekonstruierbar. Die ermittelten Werte enthalten also nicht die volle Information. Bevor wir mit der weiteren Auswertung fortfahren, werden im nächsten Paragraphen einige Methoden der graphischen Darstellung von Häufigkeitsverteilungen vorgestellt.

Übungsaufgaben

1. Bei einer Umfrage wurden 50 Personen befragt, an wieviel Tagen in der Woche sie ihr Auto benutzen. Es wurden folgende Antworten gegeben:

    2, 3, 6, 4, 5, 2, 4, 4, 4, 1, 4, 2, 2, 7, 4, 6, 3, 7, 5, 6, 4, 5, 1, 3, 3,

    7, 6, 2, 4, 3, 2, 3, 3, 2, 6, 5, 5, 7, 6, 4, 3, 6, 4, 4, 5, 1, 4, 7, 2, 2.

    Man erstelle eine Häufigkeitstabelle und bestimme die empirische Verteilungsfunktion.

2. Gegeben ist die folgende empirische Verteilungsfunktion:

    $$F(x) = \begin{cases} 0 & x < 2.5 \\ 0.2 & 2.5 \leq x < 4 \\ 0.45 & 4 \leq x < 5.7 \\ 0.8 & 5.7 \leq x < 8 \\ 1 & 8 \leq x \end{cases}$$

    Geben Sie an, welche Merkmalsausprägungen mit welchen Häufigkeiten aufgetreten sind. Kann man aufgrund dieser empirischen Verteilungsfunktion angeben, wieviele statistische Einheiten mindestens untersucht wurden? (Begründung!) Wenn ja, wieviele?

3. Bei den Altersangaben von Beispiel 4.2 führe man eine Klassierung durch und stelle eine Summenhäufigkeitstabelle auf.

5 Graphische Darstellung von Häufigkeitsverteilungen

Da Zahlenmaterial in der Regel optisch nur langsam erfaßt wird, wird es oft graphisch dargestellt. Dadurch ergibt sich für den Betrachter schneller ein Eindruck, der sich auch besser einprägt. Beispiele finden sich häufig in Tageszeitungen (insbesondere im Wirtschaftsteil), in Informationsschriften (z B. von Parteien und Verbänden), in Jahresberichten größerer Industrieunternehmen etc.[1]

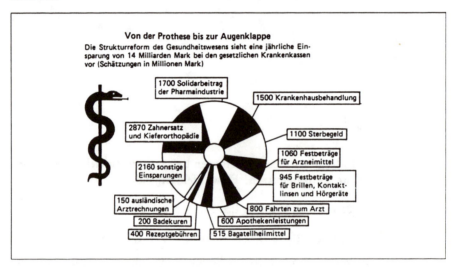

Abbildung 5.1 Beispiel einer graphischen Darstellung.

Ziele graphischer Darstellungen:

- Größere Übersichtlichkeit

- Größere Einprägsamkeit

- Größere Attraktivität

Obwohl hier der Phantasie keine Grenzen gesetzt sind, gibt es einige Methoden, die bei Häufigkeitsverteilungen immer angewandt werden können. Diese Methoden ergeben sich direkt oder indirekt daraus, wie Zahlen (bei absoluten Häufigkeiten) bzw. Anteile (bei relativen Häufigkeiten) graphisch so

---

[1] Eine hervorragende Zusammenstellung der Darstellungsformen statistischer Graphiken, ihrer Bedeutung und Aufgaben findet man in Gessler, 1991.

repräsentiert werden können, daß ihre Größe aus der zeichnerischen Darstellung verglichen werden können.

Bei Zahlen geschieht dies, indem man sie mit ein-, zwei- oder dreidimensionalen Einheiten versieht und entsprechend darstellt.

5.1 Beispiel

Vergleicht man die Zahlen 1 und 8, so kann man sie z.B.

a) als 1 cm bzw. 8 cm lange Strecken

b) als Flächen mit den Flächeninhalten 1 cm² bzw. 8 cm²

c) als Volumen mit den Volumeninhalten 1 cm³ bzw. 8 cm³

symbolisieren, wobei bei der Möglichkeit (c) eine perspektivische Zeichnung vorgenommen werden muß, weswegen diese Darstellungsform seltener verwendet wird (Abb. 5.2).

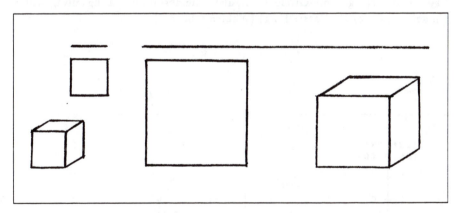

Abbildung 5.2   Repräsentation von Zahlen durch Strecken, Flächen und Volumina.

Daneben besteht noch die Möglichkeit, eine aufbereitete Strichliste abzubilden, indem man eine Zahl durch eine entsprechende Anzahl von Bildsymbolen darstellt (Abb. 5.3).

Abbildung 5.3 Repräsentation von Zahlen durch Bildsymbole.

Dementsprechend ergeben sich verschiedene graphische Darstellungsmöglichkeiten für Häufigkeitsverteilungen. Geht man zunächst von einem **nominalskalierten** Merkmal aus, so besteht zwischen den Merkmalsausprägungen keine Vergleichsmöglichkeit.

Verwendet man die eindimensionale Repräsentation von Zahlen, so erhält man ein **Stab(Linien)-** oder **Säulenendiagramm (Balkendiagramm)**: Darstellung der Zahlen durch Stäbe bzw. Säulen über einer horizontalen Achse, auf der die Merkmalsausprägungen aufgetragen sind. Die Höhe der Stäbe bzw. Säulen spiegelt die Größe der Zahlen (die absoluten Häufigkeiten) wider (höhenproportionale Darstellung) (Abb. 5.4 bis 5.6).

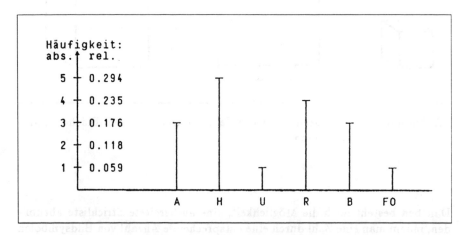

Abbildung 5.4 Beispiel für ein Stabdiagramm (vgl. Beispiel 4.1 2.).

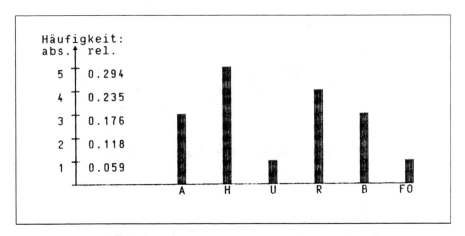

Abbildung 5.5 Beispiel eines Säulendiagramms.

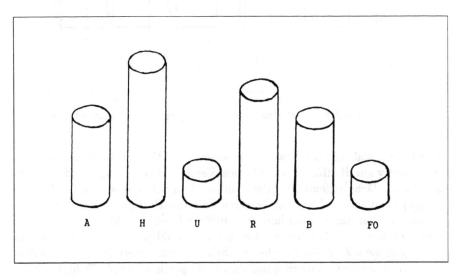

Abbildung 5.6 Beispiel eines Säulendiagramms mit runden Säulen.

Aus Möglichkeit b) ergibt sich das **Flächendiagramm**: Darstellung der Häufigkeiten durch Flächen entsprechender Größe (flächenproportionale Darstellung) (Abb. 5.7).

Aus Möglichkeit c) ergibt sich eine **volumenproportionale Darstellung** (Abb. 5.8).

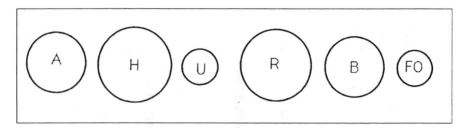

Abbildung 5.7 Beispiel eines Flächendiagramms.

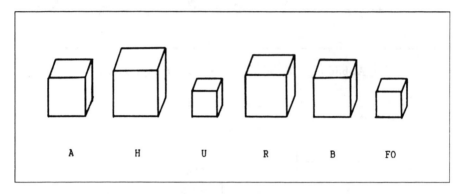

Abbildung 5.8 Beispiel einer volumenproportionalen Darstellung.

Obwohl in Abbildung 5.5 bzw. 5.6 Flächen bzw. Volumina dargestellt sind, wird intuitiv nur die Höhe der Säule zum Vergleich herangezogen (Die Grundseite bzw. -fläche stimmt bei allen Säulen überein.). Die weitere(n) Dimension(en) dient (dienen) nur der besseren Erkennbarkeit gegenüber dem Stabdiagramm. Bei der Verwendung von Bildsymbolen spricht man von einem **Piktogramm**. Hierbei werden bei größeren Zahlen durch ein Bildsymbol eine angegebene Zahl statistischer Einheiten repräsentiert (z.B. 1000, 10000 etc.). Zwischenwerte werden dann durch entsprechend große Teile des Bildsymbols wiedergegeben (Abb. 5.9).

Zwei weitere Beispiele sind Abels und Degen (1981, S.116f.) entnommen, die gegenüber diesen Darstellungen einige Kritikpunkte anzubringen haben (Abb. 5.10).

5 Graphische Darstellung von Häufigkeitsverteilungen 47

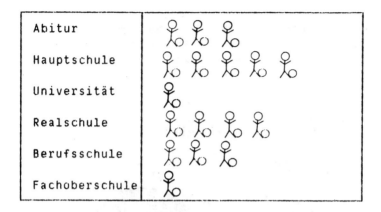

Abbildung 5.9 Beispiel für ein Piktogramm.

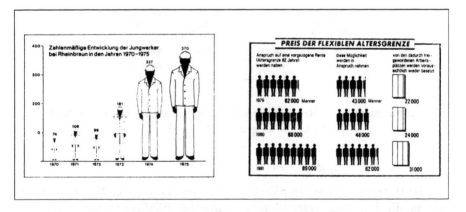

Abbildung 5.10 Beispiele für Piktogramme (Abels/Degen, 1981, S.166f.).

Bei der Darstellung der **relativen Häufigkeiten** können ebenfalls Stab- und Säulendiagramme oder Flächendiagramme verwendet werden (Piktogramme kommen hier nicht in Frage.). Daneben gibt es noch die Möglichkeit, eine geometrische Einheit (Strecke, Fläche, Volumen) entsprechend den Anteilen (relativen Häufigkeiten) aufzuteilen. Besonders übersichtlich geschieht dies im **Kreissektorendiagramm**: Das Kreissektorendiagramm ist eine graphische Darstellung relativer Häufigkeiten durch sektorale Aufteilung einer Kreisfläche oder Kreisscheibe, wobei die Größe der Sektoren proportional zu den relativen Häufigkeiten ist (Diese Darstellung erinnert an die Aufteilung eines Kuchens).

Werden verschiedene statistische Massen hinsichtlich desselben Merkmals untersucht, so kann die unterschiedliche Größe der Massen bei der Größe der

Kreisflächen berücksichtigt werden. Der Radius des Kreises ist dann proportional zur Wurzel aus der jeweiligen Anzahl statistischer Einheiten. Man erhält damit die Kombination eines Flächen- und Kreissektorendiagramms (Abb. 5.11).

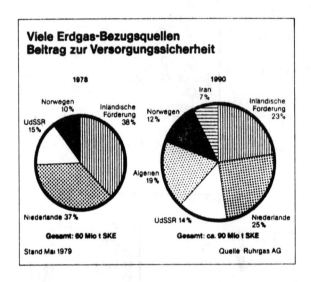

Abbildung 5.11 Beispiel für ein Flächen/Kreissektorendiagramm (Abels/Degen, 1981, S.84).

Bei der Untersuchung geographisch gegliederter statistischer Massen bietet es sich an, die graphische Darstellung der einzelnen Häufigkeitsverteilungen entsprechend ihrer geographischen Zugehörigkeit in einer Landkarte einzutragen (**Kartogramm**), s. Abb. 5.12. Dabei wird man bei den einzelnen Verteilungen die Einheiten der graphischen Darstellungen so wählen, daß ein Vergleich der verschiedenen Verteilungen möglich ist.

Bei graphischen Darstellungen von Häufigkeitsverteilungen werden die absoluten bzw. relativen Häufigkeiten von Merkmalsausprägungen wiedergegeben. Die Darstellung sollte also die Struktur der Menge der Merkmalsausprägungen berücksichtigen. Dies bedeutet, daß bei ordinalskalierten und kardinalskalierten Merkmalen die natürliche Reihenfolge bei der Darstellung berücksichtigt werden muß. Bei einem **Rangmerkmal** und bei einem **diskreten quantitativen Merkmal** kann dies durch die Anordnung der Merkmalsausprägungen erfolgen, d.h. z.B. in einem Stab- oder Säulendiagramm werden die Merkmalsausprägungen in horizontaler Richtung entsprechend der natürlichen Anordnung aufgeführt (Abb. 5.13).

5 Graphische Darstellung von Häufigkeitsverteilungen

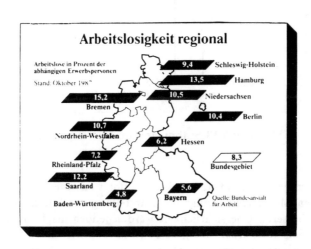

Abbildung 5.12 Beispiele für Kartogramme (iwd 46, 1987 und 5, 1988).

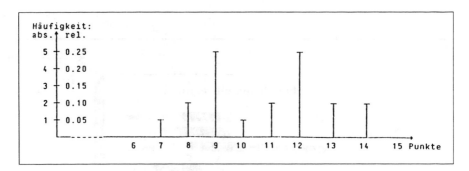

Abbildung 5.13 Stabdiagramm zu Beispiel 4.1 1.

Die Darstellung von Summenhäufigkeiten erfolgt entsprechend. Bei diskreten quantitativen Merkmalen genügt die Darstellung der Summenhäufigkeit als Punkt, zur besseren Übersichtlichkeit werden jedoch die Punkte durch waagerechte Linien nach rechts fortgesetzt (man beachte dabei die Ähnlichkeit in der Darstellung und Interpretation zur empirischen Verteilungsfunktion) (Abb. 5.14).

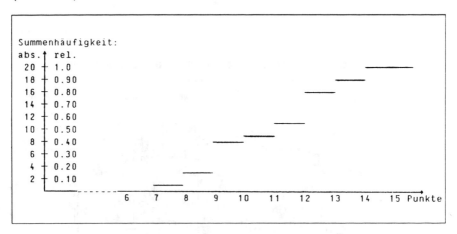

Abbildung 5.14 Summenhäufigkeiten zu Beispiel 4.1 1.

Bei stetigen Merkmalen wird vor der Ermittlung und Darstellung von Häufigkeitsverteilungen i.a. zunächst eine Klassierung durchgeführt. Ebenso bei diskreten Merkmalen, bei denen die Anzahl der Merkmalsausprägungen gegenüber der Anzahl der statistischen Einheiten so groß ist, daß Häufungen von Merkmalswerten (Wiederholungen in der Urliste) nur selten auftreten. Bei der graphischen Darstellung sind die Häufigkeiten dann für die jeweiligen Klassen aufzutragen. Dabei trägt man zunächst jede Klasse auf der Zahlengeraden ein. Da jede Klasse (bis auf Randklassen) durch eine obere und untere Klassengrenze festgelegt ist, entspricht jede solche Klasse einem Intervall (offene Randklassen einseitig unbeschränkten Teilmengen von $\mathbb{R}$). Da ferner jede Merkmalsausprägung in einer Klasse enthalten sein muß, ist jede obere Klassengrenze die untere Klassengrenze der nächsten Klasse. Zur Darstellung der Häufigkeiten bildet man nun ein **Flächendiagramm** mit Rechtecken, wobei man als eine Seite des Rechtecks das Intervall der Klasse verwendet.

Sei Δ_I die Klassenbreite, $h(I)(p(I))$ die absolute (relative) Häufigkeit der Klasse I, so ist

$$\frac{h(I)}{\Delta_I} \quad (\frac{p(I)}{\Delta_I})$$ die Höhe des Rechtecks in einer geeigneten Längeneinheit

Man erhält so das **Histogramm** eines **klassierten Merkmals**.

Achtung: Für offene Randklassen kann eine solche Darstellung nicht durchgeführt werden, sofern nicht eine natürliche oder eine sinnvollerweise festlegbare Klassenober- bzw. Klassenuntergrenze existiert. Ist der Anteil dieser Randklasse an der statistischen Masse gering, so kann man sich auch damit behelfen, daß man 0 als Höhe des Rechtecks wählt und – wenn es erforderlich erscheint – diesen Anteil in der Legende explizit angibt.

5.2 Beispiel

Bei den 40 Beschäftigten einer Behörde wurden folgende Altersangaben (in vollendeten Lebensjahren) ermittelt (Beispiel 4.2):

> 37, 58, 63, 17, 28, 46, 57, 26, 39, 47,
> 16, 62, 44, 39, 48, 27, 35, 59, 19, 26,
> 55, 36, 37, 48, 28, 46, 18, 62, 25, 37,
> 38, 45, 59, 61, 29, 36, 28, 42, 29, 37.

Nach Klassierung ergibt sich die Häufigkeitstabelle:

Alter	abs. Hfgkt.	rel. Hfgkt.
unter 20	4	0.1
20 bis unter 30	9	0.225
30 bis unter 40	10	0.25
40 bis unter 50	8	0.2
50 bis unter 60	5	0.125
über 60	4	0.1

Für die offenen Randklassen kann man als vertretbare untere bzw. obere Klassengrenze 15 bzw. 65 ansetzen, da in einer Behörde sicherlich keine Personen unter 15 und kaum Personen über 65 beschäftigt sein können; das Fehlen von solchen Werten in der Urliste hat also eine allgemeine Ursache und liegt nicht an der speziellen Altersstruktur der untersuchten Behörde.

Damit erhält man das Histogramm in Abb. 5.15.

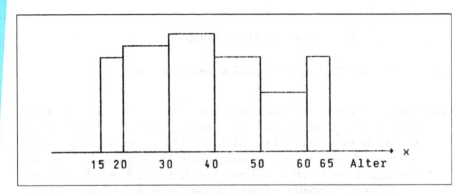

Abbildung 5.15 Histogramm zu Beispiel 5.2.

Werden mehrere Häufigkeitsverteilungen von vergleichbaren Merkmalen oder demselben Merkmal auf verschiedenen statistischen Massen dargestellt, so sollte bei beiden Darstellungen eine Flächeneinheit auch derselben relativen Häufigkeit entsprechen.

5.3 Beispiel

Für eine Verbrauchsstudie wurden die Nettojahreseinkommen von 100 Männern und 150 Frauen festgestellt. Dabei wurden folgende Häufigkeitstabellen ermittelt:

5 Graphische Darstellung von Häufigkeitsverteilungen

Einkommen in TDM	Männer		Frauen	
	abs. H.	rel. H.	abs. H.	rel. H.
unter 10	5	0.05	9	0.06
10 bis unter 20	15	0.15	30	0.20
20 bis unter 25	20	0.20	42	0.28
25 bis unter 30	25	0.25	48	0.32
30 bis unter 40	20	0.20	15	0.10
40 bis unter 60	10	0.10	6	0.04
60 bis unter 85	5	0.05	0	0
$\sum$	100	1	150	1

Daraus ergeben sich die Histogramme in den Abb. 5.16 und 5.17.

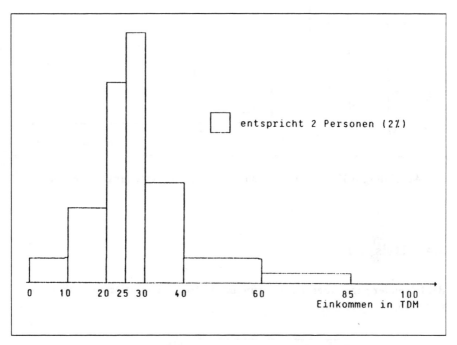

Abbildung 5.16 Histogramm zur Einkommensverteilung der Männer.

Bemerkung: Stimmen die Klassenbreiten aller Klassen überein, so entspricht das Flächendiagramm auch einem Säulendiagramm. In diesem Fall sind die Höhen der Rechtecke aussagekräftig, d.h. die Ordinate kann mit einer Skala für die absoluten und/oder relativen Häufigkeiten versehen werden.

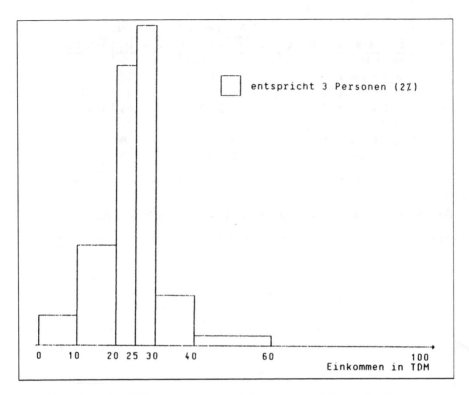

Abbildung 5.17 Histogramm zur Einkommensverteilung der Frauen.

5.4 Beispiel

Bei folgender gegenüber der ursprünglichen leicht modifizierten Einkommensverteilung der Männer:

Einkommen in TDM	Männer	
	abs. H.	rel. H.
unter 10	5	0.05
10 bis unter 20	15	0.15
20 bis unter 30	45	0.45
30 bis unter 40	20	0.20
40 bis unter 50	5	0.05
50 bis unter 60	5	0.05
60 bis unter 70	5	0.05
$\sum$	100	1

ergibt sich das Histogramm in Abb. 5.18.

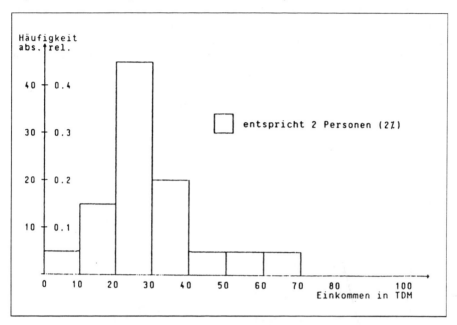

Abbildung 5.18 Histogramm zur modifizierten Einkommensverteilung der Männer.

Bei nicht übereinstimmender Klassenbreite ist die Höhe der Rechtecke nicht einfach proportional zur Häufigkeit, sondern zum Verhältnis aus Häufigkeit und Klassenbreite. Die Rechtecke sind demnach umso höher, je größer die Anzahl der Beobachtungen ist, die in einen Bereich vorgegebener Länge fallen. Damit ist die Höhe des Rechteckes davon abhängig, wie dicht die Beobachtungen beieinander liegen. Die Höhe des Rechtecks

$$\frac{h(I)}{\Delta_I} \quad \text{bzw.} \quad \frac{p(I)}{\Delta_I}$$

wird daher auch als **Häufigkeitsdichte** bezeichnet.

Verbindet man die Mittelpunkte der oberen Rechteckkanten miteinander, so erhält man einen Polygonzug, das sogenannte **Häufigkeitspolygon**.[2] Bei dem Repräsentanten der Klasse, nämlich der Klassenmitte, wird demnach in Richtung der Ordinate die Häufigkeit der Klasse dividiert durch die Klassenbreite abgetragen. Die Division ist nicht erforderlich, wenn die Klassenbreiten

---

[2] Nicht zu verwechseln mit Stabdiagrammen, bei denen die Spitzen der Stäbe durch einen Polygonzug verbunden sind. Eine solche Darstellung wird gelegentlich auch als Häufigkeitspolygon bezeichnet (vgl. Hartung, 1982, S. 21f).

konstant sind. Ein Problem besteht bei den Randklassen: Eine Zeichnung, die über den Bereich der Merkmalsausprägungen hinausgeht, ist Anlaß zu Fehlinterpretationen, andererseits wirkt die Darstellung unvollständig, wenn man den Polygonzug in der Klassenmitte der äußersten Klasse beginnen bzw. beenden läßt. Bei einer Klassierung mit unterschiedlichen Klassenbreiten kann ferner die Fläche unter dem Polygon nicht mehr einheitlich interpretiert werden. Die Verwendung von Häufigkeitspolygonen ist in diesem Fall umstritten. Wegen all dieser Schwierigkeiten wird das Häufigkeitspolygon selten benutzt.

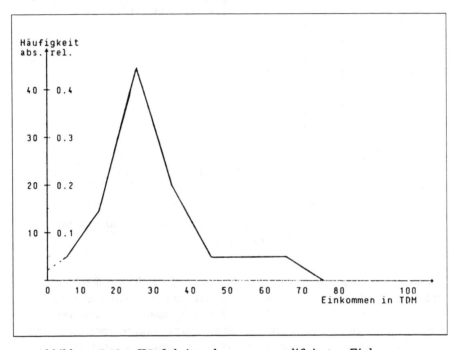

Abbildung 5.19 Häufigkeitspolygon zur modifizierten Einkommensverteilung der Männer.

Bei dem Histogramm der Häufigkeitsverteilung besteht die Möglichkeit, die aufsummierte Häufigkeit mehrerer Klassen dadurch zu bestimmen, daß man die Fläche über den Klassen und unter der oberen Begrenzung durch das Histogramm bestimmt.

5.5 Beispiel

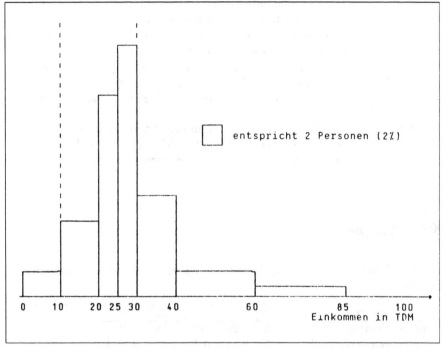

Abbildung 5.20 Histogramm zur Einkommensverteilung der Männer.

Die Fläche zwischen den Klassengrenzen 10 und 30 unter dem Histogramm beträgt 30 FE, die Anzahl der Personen mit einem Jahreslohn zwischen 10000 und 40000 DM ist 60.

Es bietet sich daher an, diese Fläche (das Integral) auch als Näherung für aufsummierte Häufigkeiten zu verwenden, wenn keine Klassengrenzen zugrunde gelegt werden.

5.6 Beispiel

Fragt man im Beispiel 5.4 etwa nach der Anzahl der männlichen Beschäftigten mit einem Einkommen zwischen 25000 und 45000 DM, so ist aus der Tabelle zu ersehen, daß die Zahl zwischen 45 und 60 liegen muß und zu vermuten, daß sie zwischen 45 und 50 liegen dürfte. Die Anzahl der FE beträgt 23.75, man erhält als Näherung 47.5 Personen. 47.5 Personen ist so gesehen natürlich unsinnig, aber eben ein Näherungswert.

Insbesondere erhält man also die Summenhäufigkeit an einer oberen Klassengrenze als Summe aller Flächen des Histogramms links von dieser Klassengrenze β. Diese Fläche repräsentiert also die Menge der statistischen Einheiten mit einem Merkmalswert, der diese Klassengrenze β nicht überschreitet. Es liegt hier ebenso nahe, diese Fläche auch zugrundezulegen, wenn man nicht von Klassengrenzen ausgeht. Natürlich kann diese Methode nur Näherungswerte liefern, da die Lage der exakten Werte innerhalb der Klassengrenzen nicht in die Berechnung eingeht. Dies wird auch darin deutlich, daß das Ergebnis oft ein Dezimalbruch für eine absolute Häufigkeit ist (vgl. Beispiel 5.6).

Bei der graphischen Darstellung der Summenhäufigkeiten eines klassierten Merkmals erhält man dann zunächst wie beim diskreten Merkmal nur einzelne Punkte bei den Klassengrenzen, da nur für diese Summenhäufigkeiten definiert sind.

5.7 Beispiel

Bei der Einkommensverteilung der Männer haben wir die Summenhäufigkeitstabelle:

Klassengrenze	10	20	25	30	40	60	85
Summenhäufigkeit abs.	5	20	40	65	85	95	100
Summenhäufigkeit rel.	0.05	0.20	0.4	0.65	0.85	0.95	1

Würde man nun analog zum diskreten Merkmal (vgl. Abb. 5.14) die Punkte nach rechts durch waagerechte Linien ergänzen, so entstünde der falsche Eindruck, daß im Bereich zwischen den Klassengrenzen keine Merkmalswerte zu finden sind. Man wählt also besser die oben beschriebene Näherungsmethode mit Hilfe der Flächen des Histogramms. Das bedeutet, daß man die Punkte durch Geradenstücke verbindet. Dadurch wird unterstellt, daß die absolute und relative Summenhäufigkeit zwischen den Klassengrenzen gleichmäßig zunimmt, d.h. man geht von der idealisierten Vorstellung aus, daß die Merkmalswerte gleichmäßig zwischen den Klassengrenzen verstreut liegen.

Die so ermittelte Funktion nennt man die (**absolute** bzw. **relative**) **Summenhäufigkeitsfunktion** eines klassierten stetigen Merkmals. Die relative Summenhäufigkeitsfunktion stimmt hier also nicht mit der empirischen Verteilungsfunktion überein, sondern ist nur eine Näherung dieser.

Die Summenhäufigkeitsfunktion läßt sich auch formal darstellen: Sei $p(I)$ die relative Häufigkeit der Klasse I und I habe die Klassengrenzen α_I und β_I. Dann nimmt die relative Summenhäufigkeit von α_I nach β_I um den Betrag $p(I)$ zu. Sei z ein Wert zwischen α_I und β_I. Verbindet man nun die Werte

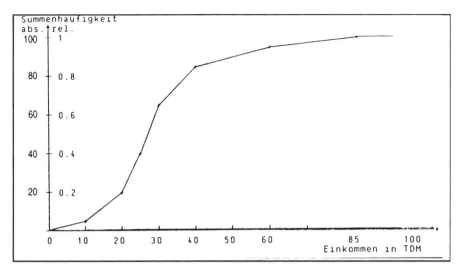

Abbildung 5.21   Summenhäufigkeitsfunktion zur Einkommensverteilung der Männer.

den Stellen α_I und β_I durch eine Gerade, so erhält z den Wert $SF(z)$ mit:

$$SF(z) = F(\alpha_I) + \frac{z - \alpha_I}{\beta_I - \alpha_I} \cdot p(I) \tag{1}$$

5.8   Beispiel

Sei I die Klasse der Einkommen von 20000 bis unter 25000 DM, $z = 22000$ DM. Mit $p(I) = 0.28$ und $\alpha_I = 20, z = 22$ und $\beta_I = 25$ erhält man

$$SF(z) = F(\alpha_I) + \frac{z - \alpha_I}{\beta_I - \alpha_I} \cdot p(I) = 0.26 + \frac{22 - 20}{25 - 20} \cdot 0.28 = 0.372$$

also bis z eine Zunahme der relativen Summenhäufigkeit um 0.112.

Aufgrund der durchgeführten Überlegungen ergibt sich zwischen Histogramm und Summenhäufigkeitsfunktion ein Zusammenhang entsprechend der Abbildung 5.22.

Die Fläche des Histogramms links von einem Punkt z ergibt den Wert der Summenhäufigkeitsfunktion an der Stelle z, wenn die Gesamtfläche des Histogramms als Flächeneinheit verwendet wird. Die korrekten Werte erhält man demgegenüber aus der empirischen Verteilungsfunktion.

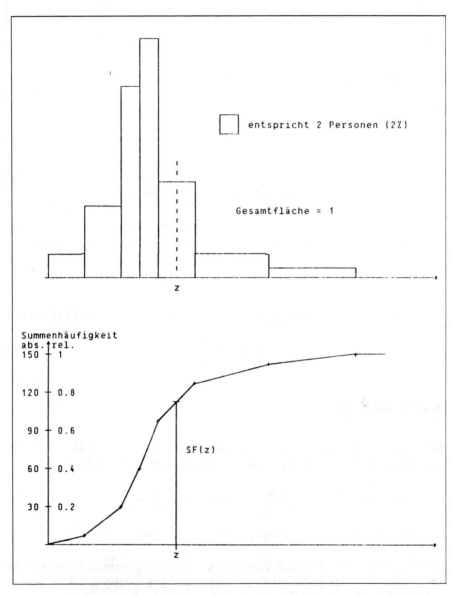

Abbildung 5.22 Zusammenhang zwischen Histogramm und Summenhäufigkeitsfunktion.

5.9 Beispiel

Abbildung 5.23 zeigt die empirische Verteilungsfunktion und die Summenhäufigkeitsfunktion zu Beispiel 4.8.

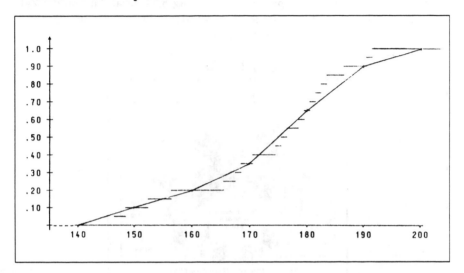

Abbildung 5.23 Summenhäufigkeitsfunktion als Näherung der empirischen Verteilungsfunktion.

Übungsaufgaben

1. Zu Beispiel 4.5 zeichne man ein Stab-, Flächen- und Volumendiagramm.
2. Überprüfen Sie die graphische Darstellung 5.24 daraufhin, ob die Zahlenangaben korrekt wiedergegeben wurden. Stellen Sie die einzelnen Schritte mit Begründung explizit dar.

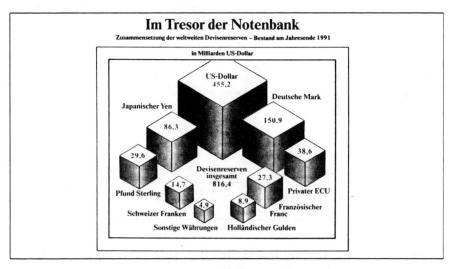

Abbildung 5.24 Zu Übungsaufgabe 5.2.

3. Bei einer Befragung der 1500 Arbeitslosen über 20 Jahre einer Stadt hat sich folgende Häufigkeitsverteilung ergeben:

	Alter			
Dauer d. Arbeitslosigkeit	20 b.u. 30	30 b.u. 40	40 b.u. 50	über 50
bis 1 Jahr	400	200	100	100
ü. 1 b. 2 J.	100	100	150	150
über 2 Jahre	-	25	125	50

Man stelle die Daten in einem kombinierten Flächen-/Kreissektorendiagramm dar. (Hinweis: Man erstelle zunächst für ein Merkmal ein Flächendiagramm mit Kreisflächen.)

4. Zu Beispiel 4.8 bzw. 4.10 erstelle man ein Histogramm.

6 Lage- und Streuungsparameter

Nachdem wir graphische Methoden kennengelernt haben, um Häufigkeitsverteilungen übersichtlich darzustellen, ergibt sich die Frage, ob es nicht auch andere Verfahren gibt, um wichtige Eigenschaften von Verteilungen deutlich zu machen. Bei der Diskussion einer Reihe von Beobachtungswerten –also einer Urliste– wird man oft schon routinemäßig einige Fragen stellen.

Ist z.B. eine statistische Reihe von Größenangaben gegeben, so drängen sich die folgenden Fragen auf:

- Welches ist der häufigste Wert?

- Was ist der Durchschnittswert?

- Was ist der größte und was ist der kleinste Wert?

Die Antworten auf diese Fragen sollen die Häufigkeitsverteilung verdeutlichen, also einen -gegenüber der gesamten Verteilung konzentrierten- Eindruck vermitteln. Das Ziel ist also die Charakterisierung der Häufigkeitsverteilung durch wenige möglichst aussagefähige Größen. Dies soll insbesondere auch zum Vergleich von Häufigkeitsverteilungen eines Merkmals auf verschiedenen statistischen Massen bzw. ähnlicher Merkmale auf derselben oder verschiedenen Massen dienen.

6.1 Beispiel

Aufgabe sei etwa der Vergleich der Einkommensverteilungen von Männern und Frauen aus in Beispiel 4.1.

Solche charakteristischen Größen nennt man **Parameter** oder **Kennzahlen** der Häufigkeitsverteilung. Die wichtigsten dieser Parameter sind die **Lage-** und die **Streuungsparameter**. Die Lageparameter sollen angeben, bei welchen Merkmalsausprägungen die Häufigkeitsverteilung insgesamt und insbesondere der Kern der Verteilung liegt, während die Streuungsparameter etwas darüber aussagen, in welcher Weise die Beobachtungswerte in der Menge der Merkmalsausprägungen verstreut sind.

Lageparameter: Kennzahl über die Lage der Beobachtungswerte in M
Streuungsparameter: Kennzahl über die Streuung der Beobachtungswerte in M.

Bei Vorliegen eines qualitativen (nominalskalierten) Merkmals liegt keine Struktur auf der Menge M der Merkmalsausprägungen vor, d.h. es ist nicht möglich, die Beobachtungswerte in irgendeiner Form rechnerisch zu verarbeiten. Ebenso gibt es auch keine größten und kleinsten Werte. Damit bleibt als einzige der oben genannten Fragen, die hier beantwortet werden kann, die Frage nach der am häufigsten auftretenden Merkmalsausprägung. Dieser „einfachste" Lageparameter wird **Modus** oder **Modalwert** genannt. Er kann natürlich auch bei Rangmerkmalen und quantitativen Merkmalen bestimmt werden.

6.2 Definition

Die Merkmalsausprägung(en) a_M mit

$$h(a_M) = \max_{a \in M} h(a) \qquad (p(a_M) = \max_{a \in M} p(a)) \qquad (1)$$

heißt (heißen) **Modus** oder **Modalwert**. Liegen mehrere häufigste Werte vor, so auch mehrere Modalwerte.

Geht man von einer Urliste $x_1, ..., x_n$ aus, so verwendet man auch die Bezeichnung x_M, um den Zusammenhang deutlich zu machen.

6.3 Beispiel

Bei Beispiel 4.1 bzw. 4.3 erhält man als Modalwert die Merkmalsausprägung Hauptschulabschluß (H), dessen absolute Häufigkeit mit 5 am größten ist. Bei Beispiel 1 gibt es zwei Modalwerte, da die Punktzahlen 9 und 12 übereinstimmend maximale absolute Häufigkeit aufweisen.

Beim Modalwert bleiben alle übrigen Merkmalsausprägungen und ihre Häufigkeiten unberücksichtigt.

Sind die Merkmalsausprägungen zumindest ordinalskaliert, so kann man die Beobachtungswerte entsprechend ihrer natürlichen Reihenfolge ordnen. Der **Zentralwert** oder **Median** teilt die geordnete statistische Reihe in der Mitte und damit in zwei gleichgroße Teile.

Für ungerades n gibt es keine Probleme, da dann ein Merkmalswert exakt in der Mitte steht, nämlich der $\frac{n+1}{2}$-te (bei 17 Werten z.B. gerade der neunte), rechts und links davon stehen jeweils $\frac{n-1}{2}$ Werte (bei 17 jeweils 8). Für gerades

6 Lage- und Streuungsparameter

n ist die Mitte die Lücke zwischen zwei Werten mit links und rechts davon jeweils $\frac{n}{2}$ Werten.

6.4 Definition

Sei $x_{(1)}, ..., x_{(n)}$ die geordnete statistische Reihe, so ist der **Zentralwert** oder **Median** a_z (bzw. x_z, s.o.) definiert durch:

a) n ungerade:
$$a_z = x_{(\frac{n+1}{2})} \tag{2}$$

b) n gerade: Dann besteht die erste Hälfte aus den Beobachungswerten
$$x_{(1)}, ..., x_{(\frac{n}{2})},$$
die zweite Hälfte aus
$$x_{(\frac{n}{2}+1)}, ..., x_{(n)}.$$

Fallunterscheidung:

- $x_{(\frac{n}{2})} = x_{(\frac{n}{2}+1)}$:
$$a_z = x_{(\frac{n}{2})} = x_{(\frac{n}{2}+1)} \tag{3}$$

- $x_{(\frac{n}{2})} \neq x_{(\frac{n}{2}+1)}$:

„Dann liegt der Zentralwert a_z zwischen $x_{(\frac{n}{2})}$ und $x_{(\frac{n}{2}+1)}$." Bei Rangmerkmalen kann dies nicht weiter präzisiert werden; bei quantitativen Merkmalen setzt man
$$a_z = 0.5 \cdot \left(x_{(\frac{n}{2})} + x_{(\frac{n}{2}+1)}\right). \tag{4}$$

6.5 Beispiel

a) Die geordnete statistische Reihe einer Altersbefragung von 11 Personen laute: 5, 17, 23, 27, 35, 42, 43, 48, 57, 64, 70. Man erhält somit den Zentralwert $a_z = x_{(6)} = 42$.

b) Bei Beispiel 4.5 erhält man ($n = 40$) aus der Häufigkeitstabelle die Werte $x_{(20)} = 2$ und $x_{(21)} = 2$. Also ist $a_z = 2$.

c) In Beispiel 4.7 ist $x_{(10)} = 1.76$ und $x_{(11)} = 1.77$. Diese Werte können auch aus der empirischen Verteilungsfunktion (Beispiel 4.13) ermittelt werden. $x_{(10)}$ ist die Stelle, bei der erstmals $F(x) = 0.5$, $x_{(11)}$ die Stelle an der erstmals $F(x) > 0.5$ gilt. Damit ist $a_z = 1.765$.

Das Beispiel zeigt auch, wie aus der empirischen Verteilungsfunktion die benötigten Merkmalswerte ermittelt werden können. Allgemein müssen zwei Fälle unterschieden werden:

a) F nimmt den Wert 0.5 an: Dann ist n gerade mit $x_{(\frac{n}{2})} \neq x_{(\frac{n}{2}+1)}$ und die kleinste Merkmalsausprägung x mit $F(x) = 0.5$ ist $x_{(\frac{n}{2})}$:

$$x_{(\frac{n}{2})} = \min\{x \mid F(x) = 0.5\}. \tag{5}$$

Damit ist

$$x_{(\frac{n}{2}+1)} = \min\{x \mid F(x) > 0.5\} \tag{6}$$

und man erhält (vgl. Beispiel 6.5c)

$$x_z = 0.5 \cdot (x_{(\frac{n}{2})} + x_{(\frac{n}{2}+1)}). \tag{7}$$

b) F nimmt den Wert 0.5 nicht an: n ist dann gerade mit $x_{(\frac{n}{2})} = x_{(\frac{n}{2}+1)}$ oder ungerade und x_z ist die Stelle, an der erstmals der Wert 0.5 überschritten wird:

$$x_z = \min\{x \mid F(x) > 0.5\} \tag{8}$$

Als Verallgemeinerung des Zentralwerts bietet es sich an, die geordnete Urliste nicht in der Mitte, sondern in den Proportionen α zu $1 - \alpha$ zu teilen. Man erhält so das α-**Quantil** zu $0 < \alpha < 1$ (s. Abb. 6.1)

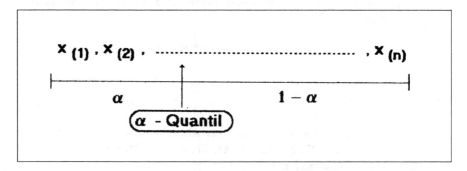

Abbildung 6.1 α-Quantil.

Für die genaue Festlegung muß man wieder unterscheiden, ob der „Teilungspfeil" genau auf einen Merkmalswert (dann haben wir das α-Quantil gefunden) oder auf eine Lücke trifft (dann nehmen wir das Mittel der Nachbarwerte)[1].

---

[1] Es sind auch andere Festlegungen möglich und im Gebrauch.

6.6 Beispiel

Betrachten wir die 40 Altersangaben aus Beispiel 4.2 und $\alpha = 0.2$. 20% von 40 ist 8. Der Teilungspfeil trifft also zwischen dem achten und neunten Wert der geordneten Urliste. Diese sind nach der Stiel- und Blatt- Darstellung die Werte 27 und 28. Damit ist

$$q_{0.20} = \frac{1}{2}(27 + 28) = 27.5.$$

Analog ist $q_{0.25} = \frac{1}{2}(28 + 28) = 28$ und $q_{0.75} = \frac{1}{2}(48 + 48) = 48$.

Für die Berechnung aus der empirischen Verteilungsfunktion F erhält man folglich ganz analog wie beim Zentralwert das α-Quantil q_α:

a) Es gibt ein x mit $F(x) = \alpha$:

$$q_\alpha = 0.5(\min\{x \mid F(x) = \alpha\} + \min\{x \mid F(x) > \alpha\}) \qquad (9)$$

b) Es gibt *kein* x mit $F(x) = \alpha$:

$$q_\alpha = \min\{x \mid F(x) > \alpha\} \qquad (10)$$

Als **oberes und unteres Quartil** wird das α-Quantil für $\alpha = 0.75$ bzw. $\alpha = 0.25$ bezeichnet.

Liegt ein klassiertes Merkmal vor und will man einen Zentralwert anhand der Häufigkeitsverteilung der Klassen bestimmen, so ist dies in der Regel nicht exakt möglich. Außerdem ist die bisherige Vorgehensweise nicht durchführbar.

Da die statistische Masse bei einem klassierten Merkmal durch die Fläche des Histogramms repräsentiert wird, kann die Eigenschaft des Zentralwertes, die Urliste und damit indirekt die statistische Masse in zwei Hälften zu teilen, in der Weise übertragen werden, daß man die reelle Zahl sucht, bei der die Senkrechte über dieser Zahl das Histogramm in zwei Hälften teilt.

Mit Hilfe der Summenhäufigkeitsfunktion läßt sich dies wie folgt ausdrücken.

6.7 Definition

Bei einem klassierten Merkmal mit Summenhäufigkeitsfunktion SF heißt a_z mit

$$SF(a_z) = \frac{1}{2} \qquad (11)$$

(feinberechneter) Zentralwert, falls a_z dadurch eindeutig festgelegt ist.

Die senkrechte Gerade durch den (feinberechneten) Zentralwert teilt die Fläche unter dem Histogramm in zwei gleichgroße Teile.

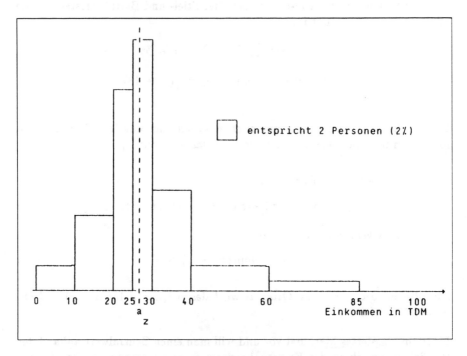

Abbildung 6.2 Zentralwert und Histogramm.

In der Regel ist dieser Wert a_z mit $SF(a_z) = \frac{1}{2}$ eindeutig bestimmt. Man überlege sich, in welchen Situationen keine Eindeutigkeit vorliegt und wie der Zentralwert dann sinnvollerweise definiert wird (**Übungsaufgabe 6.1**).

6.8 Beispiel

Bei den 30 Spielen einer Landesligamannschaft wurden folgende Zuschauerzahlen beobachtet:

14, 428, 643, 189, 206, 25, 93, 100, 612, 357,
562, 120, 269, 309, 39, 78, 45, 142, 527, 407,
163, 129, 44, 78, 26, 206, 345, 570, 525, 234.

6 Lage- und Streuungsparameter

Für die Zuschauerzahlen bei den Spielen sollen Klassen gebildet werden, und zwar

1 bis 100, 101 bis 200 usw.:

Klasse Nr.	Klasse	Strichliste	absolute Häufigkeit	relative Häufigkeit
1	1 bis 100	||||| |||||	10	33.3%
2	101 bis 200	|||||	5	16.7%
3	201 bis 300	||||	4	13.3%
4	301 bis 400	|||	3	10 %
5	401 bis 500	||	2	6.7%
6	501 bis 600	||||	4	13.3%
7	601 bis 700	||	2	6.7%

Zentralwert ist die obere Klassengrenze der Klasse 2. Wegen der allgemeinen Richtlinien für die Festlegung der Klassengrenzen (s. Beispiel 4.9) also $x_z = 200.5$. Legt man Wert auf eine einfache und übersichtliche Darstellung, so ist auch $x_z = 200$ genau genug.

Liegt der Zentralwert nicht auf einer Klassengrenze, so ist zunächst die Klasse zu bestimmen, in die der Zentralwert fällt. Diese Klasse heißt **Einfallsklasse**. Sei I_E mit den Klassengrenzen α_E und β_E diese Klasse, so ist sie durch die Eigenschaften

$$SF(\alpha_E) < \frac{1}{2} \quad \text{und} \quad SF(\beta_E) > \frac{1}{2} \qquad (12)$$

bzw.

$$\sum_{I:\beta_I \leq \alpha_E} p(I) < \frac{1}{2} \quad \text{und} \quad \sum_{I:\alpha_I \geq \beta_E} p(I) < \frac{1}{2}$$

charakterisiert.

Wegen $SF(z) = F(\alpha_E) + \frac{z-\alpha_E}{\beta_E-\alpha_E} p(I_E)$ für $\alpha_E \leq z \leq \beta_E$ erhält man aus $SF(a_z) = \frac{1}{2}$

$$a_z = \alpha_E + \frac{\frac{1}{2} - F(\alpha_E)}{p(I_E)}(\beta_E - \alpha_E) = \alpha_E + \frac{\frac{1}{2} - F(\alpha_E)}{F(\beta_E) - F(\alpha_E)}(\beta_E - \alpha_E). \qquad (13)$$

Die Fläche über I_E im Histogramm wird in zwei Flächen F_1 und F_2 geteilt. Dabei entspricht F_1 gerade dem links an 0.5 fehlenden Anteil $0.5 - F(\alpha_E)$ und F_2 dem rechts an 0.5 fehlenden Anteil $0.5 - (1 - F(\beta_E))$, d.h. die Strecke α_E, β_E wird im Verhältnis $0.5 - F(\alpha_E) : F(\beta_E) - 0.5$ geteilt.

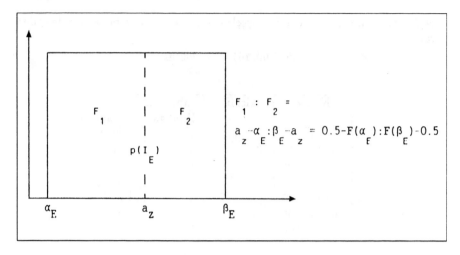

Abbildung 6.3 Zur Lage des Zentralwertes in der Einfallsklasse.

6.9 Beispiele

1. Im Beispiel 5.2 erhält man als Einfallsklasse I_E die Klasse 30 Jahre b.u. 40 Jahre. Ferner gilt $F(\alpha_E) = 0.325$ und $F(\beta_E) = 0.575$. Damit ist

$$a_z = 30 + \frac{0.5 - 0.325}{0.25} 10 = 30 + \frac{7}{10} 10 = 37 \text{ Jahre.}$$

2. Bei den Einkommensverteilungen erhält man für die Männer: $I_E = [25, 30)$ und damit

$$a_z = 25 + \frac{0.5 - 0.4}{0.25} 5 = 27 \text{ TDM,}$$

und für die Frauen: $I_E = [20, 25)$ und damit

$$a_z = 20 + \frac{0.5 - 0.26}{0.28} 5 = 24.29 \text{ TDM.}$$

Beim Zentralwert werden die Merkmalswerte nach ihrer Häufigkeit halbiert: Rechts und links vom Zentralwert liegen gleichviele Merkmalswerte. Die genaue Lage dieser Merkmalswerte ist ohne Auswirkung. So können fast alle Werte rechts vom Zentralwert sehr weit von diesem entfernt sein, die links von ihm liegenden sehr nahe bei dem Zentralwert liegen oder umgekehrt; auf den Zentralwert hat dies keinen Einfluß. Aus diesem Grund verwendet man statt des Zentralwerts meistens das **arithmetische Mittel** als Lageparameter.

6.10 Definition

Sei $x_1, ..., x_n$ die statistische Reihe (Urliste) einer statistischen Untersuchung. Das **arithmetische Mittel** der statistischen Reihe ist definiert durch

$$\bar{x} = \frac{1}{n} \sum_{i=1}^{n} x_i = \frac{1}{n}(x_1 + ... + x_n) \tag{14}$$

6.11 Beispiele

1. Das arithmetische Mittel der Punktzahlen in Beispiel 4.1 ist

$$\bar{x} = \frac{1}{20} \sum_{i=1}^{20} x_i = \frac{1}{20} 214 = 10.7$$

2. Das arithmetische Mittel der Kinderzahlen in Beispiel 4.5 ist

$$\bar{x} = \frac{1}{40} \cdot 77 = 1.925 \text{ Kinder.}$$

Das arithmetische Mittel läßt sich aus der absoluten Häufigkeitsverteilung folgendermaßen ermitteln:

$$\bar{x} = \frac{1}{n} \sum_{a \in M} a \cdot h(a) \tag{15}$$

6.12 Beispiel

In Beispiel 4.1

$$\bar{x} = \frac{1}{20}(7 \cdot 1 + 8 \cdot 2 + 9 \cdot 5 + 10 \cdot 1 + 11 \cdot 2 + 12 \cdot 5 + 13 \cdot 2 + 14 \cdot 2) = \frac{1}{20} \cdot 214$$

Da $\frac{h(a)}{n} = p(a)$ ist, gilt ebenso

$$\bar{x} = \sum_{a \in M} a \cdot p(a) \tag{16}$$

Man berechnet hier also das arithmetische Mittel aus der relativen Häufigkeitsverteilung.

6.13 Beispiel

In Beispiel 4.5 mit den relativen Häufigkeiten aus Beispiel 4.6:

$\bar{x} = 0 \cdot 0.10 + 1 \cdot 0.35 + 2 \cdot 0.25 + 3 \cdot 0.15 + 4 \cdot 0.125 + 5 \cdot 0.025 + 6 \cdot 0 = 1.925$.

Das arithmetische Mittel, berechnet nach den Verfahren (15) bzw. (16), wird auch als **gewichtetes arithmetisches Mittel der Merkmalsausprägungen** bezeichnet. Die Gewichte sind dabei die relativen Häufigkeiten:

$$\frac{h(a)}{n} \quad \text{bzw.} \quad p(a).$$

Liegt die Urliste nicht mehr vor, so kann nur diese Methode verwendet werden.

Bei einem klassierten Merkmal ist - wie schon beim Zentralwert - der exakte Wert aus der Häufigkeitsverteilung nicht zu bestimmen. Die unbekannten Merkmalswerte in den Klassen müssen durch einen Stellvertreter (Repräsentanten) ersetzt werden. Dabei verwendet man die Klassenmitten, wenn keine wesentlichen Gründe dagegensprechen.

Sei also jeweils z_I die Klassenmitte der Klasse I, so ist das arithmetische Mittel eines klassierten Merkmals definiert durch

$$\bar{x} = \frac{1}{n} \sum_I z_I h(I) = \sum_I z_I p(I) \quad \text{mit} \quad n = \sum_I h(I). \tag{17}$$

6.14 Beispiel

1. Das arithmetische Mittel der klassierten Körpergrößen (Beispiel 4.10) lautet
   $\bar{x} = \frac{1}{20}(144.5 \cdot 2 + 154.5 \cdot 2 + 164.5 \cdot 3 + 174.5 \cdot 5 + 184.5 \cdot 6 \\ + 194.5 \cdot 2)$
   $= \frac{1}{20} \cdot 3478 = 173.9$ cm.

   Bei Verwendung der unkorrekten Klassenmitten 145,155,... erhält man 174.2, was als Näherung i.a. ausreichend ist; auch 173.7 ist ja nur eine Näherung (Wie lautet der korrekte Wert?).

2. Das arithmetische Mittel aus den klassierten Zuschauerzahlen (Beispiel 6.8) ist
   $\bar{x} = \frac{1}{30}(49.5 \cdot 10 + 149.5 \cdot 5 + 249.5 \cdot 4 + 349.5 \cdot 3 + 449.5 \cdot 2 \\ + 549.5 \cdot 4 + 649.5 \cdot 2) = \frac{1}{30} \cdot 7685 = 256.166$.

6.15 Bemerkung

Bei offenen Randklassen ist der Repräsentant jeder Randklasse in sinnvoller Weise festzulegen.

6.16 Beispiel

Bei der Verteilung der Einkünfte in Beispiel 4.8 ist die offene Randklasse 10 Mill. und mehr aufgeführt. Absolute Häufigkeit ist 259 und der Gesamtbetrag 5.593.444 TDM, so daß „pro Kopf" etwa 22 Mill. DM Jahreseinkünfte vorliegen. Damit ist es vertretbar 22 Mill. DM bzw. etwas gröber 20 Mill. DM als Repräsentanten dieser Klasse anzusetzen.

Übungsaufgabe 6.2:

Man berechne das arithmetische Mittel der Einkünfte 1983 (s. Beispiel 4.9) aus Tabelle 1 und vergleiche den Wert mit dem exakten Wert ermittelt aus den Tabellen 1 und 2.

Bei der Berechnung des arithmetischen Mittels aus klassierten Daten geht man also von der Hypothese aus, daß die Merkmalswerte in den Klassen durch die Klassenmitte ersetzt werden können: Den exakten Wert, d.h. also das arithmetische Mittel aus der Urliste erhält man bei dieser Berechnung, wenn die Klassenmitte das arithmetische Mittel der Beobachtungswerte innerhalb der Klasse ist. Im Beispiel 4.2 ist dies nicht der Fall. In den Klassen liegen die Merkmalswerte jeweils in der oberen Hälfte (s. auch Beispiel 4.2).

6.17 Beispiel

In Beispiel 4.2 ist das arithmetische Mittel aus der Urliste 39.725, aus den klassierten Daten 38.25.

Vergleichen wir dazu die Stiel-Blatt-Darstellung aus Beispiel 4.2, so wird sofort offenkundig, daß der Fehler von 1.475 Jahren bei den klassierten Werten von der stärkeren Belegung der oberen Hälften der einzelnen Klassen herrührt.

Zusammenfassend haben wir als **Lageparameter** behandelt:

- Bei qualitativen Merkmalen nur den Modus oder Modalwert.

- Bei Rangmerkmalen neben dem Modus oder Modalwert (mit gewissen Einschränkungen, vgl. Punkt 2b der Definition) noch den Zentralwert.

- Bei quantitativen Merkmalen: Modus (Modalwert), Zentralwert und vor allem arithmetisches Mittel.

Durch die Angabe eines Lageparameters ist eine Verteilung offensichtlich nicht eindeutig beschrieben. Zwar gibt ein Mittelwert einen ersten Eindruck von der Verteilung, dennoch gibt es ersichtlich mehrere recht unterschiedliche Häufigkeitsverteilungen, die denselben Mittelwert besitzen.

6.18 Beispiel

Wenn das durchschnittliche Alter einer Fußballmannschaft mit 22 Jahren angegeben ist, so weiß man zwar, daß es sich um eine junge Mannschaft handelt. Es ist jedoch keine Information darüber enthalten, ob nicht einige erfahrene sprich ältere Spieler mitspielen. Man erhält dasselbe Durchschnittsalter, wenn

a) alle Spieler 22 Jahre alt sind,

b) 8 Spieler 20 Jahre, 2 Spieler 27 und ein Spieler 28 Jahre alt ist,

c) 10 Spieler 21 Jahre und 1 Spieler 32 Jahre alt ist, etc.

Lageparameter geben zwar eine gewisse Information über die Häufigkeitsverteilung, die aber zur Beantwortung anstehender Fragen meist nicht ausreicht.

Abbildung 6.4 zeigt Häufigkeitsverteilungen mit übereinstimmendem arithmetischen Mittel, aber unterschiedlicher Gestalt.

Als Ergänzung zum Lageparameter berechnet man zu Verteilungen eine Zahl, die eine Aussage über die Gestalt der Verteilung macht, aber unabhängig von der Lage ist (insbesondere soll sich eine Verschiebung des Nullpunktes nicht auf diese Kennzahl auswirken). Dies setzt dann allerdings eine Struktur auf der Menge der Merkmalsausprägungen voraus. Es wird vorausgesetzt, daß das Merkmal quantitativ ist.

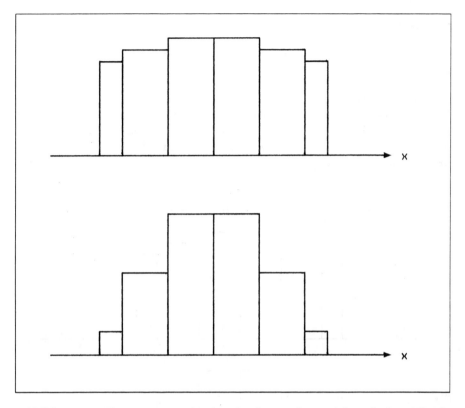

Abbildung 6.4 Histogramme mit übereinstimmendem arithmetischen Mittel.

6.19 Definition

Sei $x_1, ..., x_n$ die statistische Reihe eines quantitativen Merkmals, so heißt

$$R = \max_{i=1,...,n} x_i - \min_{i=1,...,n} x_i = \max_{i,k=1,...,n} (x_k - x_i) \tag{18}$$

Spannweite der Verteilung. Aus der Häufigkeitsverteilung eines klassierten Merkmals ist die Spannweite definiert durch

$$R = \max_{I:p(I)\neq 0} \beta_I - \min_{I:p(I)\neq 0} \alpha_I \tag{19}$$

Die Spannweite ist also der Abstand der am weitesten auseinanderliegenden Beobachtungswerte; sie ist die Differenz aus dem größten und dem kleinsten Beobachtungswert.

Übungsaufgabe 6.3:

Man bestimme zu allen bisher angegebenen Beispielen die Spannweite, soweit möglich.

Abbildung 6.5 zeigt, daß die Spannweite wenig aussagekräftig ist. Das Problem liegt insbesondere darin, daß einzelne weitabliegende Werte (sogenannte „Ausreißer"), die möglicherweise auf Fehlmessungen oder bewußt falschen Antworten beruhen, die Spannweite festlegen und die übrigen Werte unberücksichtigt bleiben.

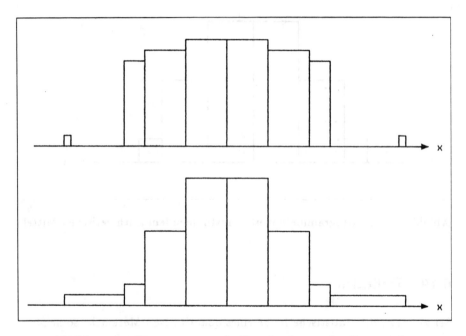

Abbildung 6.5 Histogramme mit übereinstimmender Spannweite.

Um diese Ausreißerabhängigkeit der Spannweite zu vermeiden, aber dennoch einen leicht zu berechnenden und zu interpretierenden Wert zu erhalten, verwendet man häufig den **Quartilsabstand**, das ist die Differenz aus oberem und unterem Quartil.

$$QA = q_{0.75} - q_{0.25} \tag{20}$$

6.20 Beispiel

Quartilsabstand in Beispiel 4.2 ist (vgl. Beispiel 6.6)

$$QA = q_{0.75} - q_{0.25} = 48 - 28 = 20.$$

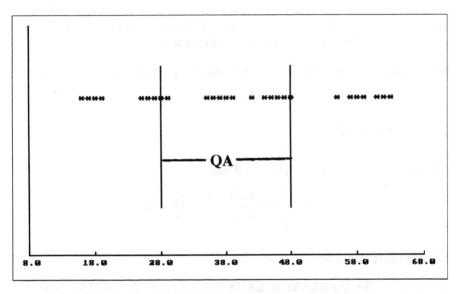

Abbildung 6.6 Quartilsabstand zu Beispiel 6.20.

6.21 Definition

Sei $x_1, ..., x_n$ eine statistische Reihe mit dem Zentralwert x_z, so heißt

$$d = \frac{1}{n} \sum_{i=1}^{n} | x_i - x_z | \tag{21}$$

mittlere absolute Abweichung (vom Zentralwert).

6.22 Bemerkung

An Stelle des Zentralwertes x_z könnte man auch einen beliebigen anderen Bezugspunkt m verwenden:

$$d(m) = \frac{1}{n} \sum_{i=1}^{n} |x_i - m|. \qquad (22)$$

Üblicherweise wird allerdings der Zentralwert, seltener das arithmetische Mittel benutzt. Die mittlere absolute Abweichung ist das arithmetische Mittel der absoluten Abweichungen der Merkmalswerte vom Zentralwert.

Übungsaufgabe 6.4: Man weise die Beziehung $d(a_z) = \min\limits_{m \in R} d(m)$ nach.

6.23 Beispiel

Für die Werte 7, 13, 8, 9, 3 ist $x_z = 8$ und

$$d = \frac{1+5+0+1+5}{5} = \frac{12}{5} = 2.4.$$

Übungsaufgabe 6.5:

Gegeben ist die statistische Reihe 18,16,3,9,7,15,17,12,10,6,13,6. Man berechne die mittlere absolute Abweichung.

Die Berechnung der mittleren absoluten Abweichung aus einer Häufigkeitsverteilung erfolgt analog zur Berechnung des arithmetischen Mittels (a_z Zentralwert)

$$d = \frac{1}{n} \sum_{a \in M} |a - a_z| h(a) = \sum_{a \in M} |a - a_z| p(a). \qquad (23)$$

Liegt ein klassiertes Merkmal vor, so ist die oben angeführte Formel nicht anwendbar. Analog zur Bestimmung des arithmetischen Mittels bestimmt man die mittlere absolute Abweichung aus den Häufigkeiten der Klassen und setzt die Klassenmitte jeweils als Repräsentanten ihrer Klasse.

Sei z_I jeweils die Klassenmitte der Klasse I, h(I), p(I) ihre absolute bzw. relative Häufigkeit. Sei x_z der (feinberechnete) Zentralwert, so heißt (n Anzahl der Beobachtungswerte)

$$d = \frac{1}{n}\sum_I |z_I - x_z| h(I) = \sum_I |z_I - x_z| p(I). \qquad (24)$$

mittlere absolute Abweichung der Verteilung.

6.24 Beispiel

Bei den Einkommensverteilungen ist der feinberechnete Zentralwert: Männer 27 TDM; Frauen 24.29 TDM. Damit erhält man als mittlere absolute Abweichung:

Männer: d = 1/100(| 5 − 27 | ·5+ | 15 − 27 | ·15+ | 22.5 − 27 | ·20
    + | 27.5 − 27 | ·25+ | 35 − 27 | ·20+ | 50 − 27 | ·10+
    | 72.5 − 27 | ·5)
  = 10.1 TDM,
Frauen: d = | 5 − 24.29 | ·0.06+ | 15 − 24.29 | ·0.20+ | 22.5 − 24.29 | ·0.28
    + | 27.5 − 24.29 | ·0.32+ | 35 − 24.29 | ·0.10+ | 50 − 24.29 | ·0.04
  = 6.6432 TDM.

Das Einkommen der Frauen variiert demnach nicht so stark wie bei den Männern.

Häufiger als die mittlere absolute Abweichung wird die Varianz und die Standardabweichung als Streuungsparameter verwendet.

6.25 Definition

Sei $x_1, ..., x_n$ eine statistische Reihe mit arithmetischem Mittel $\bar{x}$, so heißt

$$s^2 = \frac{1}{n}\sum_{i=1}^n (x_i - \bar{x})^2 \qquad (25)$$

die **Varianz** der Verteilung.

Die Varianz ist damit das arithmetische Mittel der quadrierten Abweichungen der Beobachtungswerte vom arithmetischen Mittel.

6.26 Bemerkungen

1. Auch hier kann ein anderer Bezugspunkt für die Berechnung verwendet

werden:

$$s^2(m) = \frac{1}{n}\sum_{i=1}^{n}(x_i - m)^2. \tag{26}$$

Mit Hilfe der Differentiation nach m zeigt man, daß

$$s^2(\bar{x}) = \min_{m \in \mathbf{R}} s^2(m) \tag{27}$$

gilt (**Übungsaufgabe 6.6**).

2. Bei Fragestellungen der induktiven Statistik ist die Varianz der Merkmalswerte einer statistischen Masse mit Hilfe einer „Stichprobe" zu „schätzen" (ein exakter Wert kann bei Untersuchungen nur einer Teilauswahl ohne zusätzliche Information nicht bestimmt werden). Wahrscheinlichkeitstheoretische Überlegungen zeigen, daß es in einer bestimmten Hinsicht besser ist, nicht die Varianz der Merkmalswerte der Stichprobe („Stichprobenvarianz"), sondern die sogenannte „**korrigierte Stichprobenvarianz**" ($x_1, ..., x_n$ Merkmalswerte der Stichprobe)

$$s^{*2} = \frac{1}{n-1}\sum_{i=1}^{n}(x_i - \bar{x}) \tag{28}$$

als Schätzwert anzusetzen. Vor allem bei der Berechnung der Varianz mit Taschenrechnern und Software sollte man daher feststellen, ob die Varianz oder die korrigierte Varianz berechnet wird, d.h. ob durch n oder $n-1$ dividiert wird.

Die positive Wurzel der Varianz heißt **Standardabweichung**:

$$s = \sqrt{s^2} = \sqrt{\frac{1}{n}\sum(x_i - \bar{x})^2}. \tag{29}$$

6.27 Beispiel

Für die Werte aus dem obigen Beispiel 6.23: 7, 13, 8, 9, 3 erhält man $\bar{x} = 8$ und

$$\begin{aligned}
s^2 &= \tfrac{1+25+0+1+25}{5} = \tfrac{52}{5} = 10.4, \\
s &= \sqrt{10.4} = 3.225, \\
s^{*2} &= \tfrac{52}{4} = 13.
\end{aligned}$$

6.28 Bemerkung

Man kann zeigen, daß mindestens

3/4 aller Werte im Bereich $[\bar{x} - 2s, \bar{x} + 2s]$
8/9 aller Werte im Bereich $[\bar{x} - 3s, \bar{x} + 3s]$

liegen müssen.[2] Im Beispiel 6.27 ist diese Information –wie man sieht– allerdings sehr grob.

Bei Häufigkeitsverteilungen erhält man analog zur Berechnung bei der mittleren absoluten Abweichung

$$s^2 = \frac{1}{n} \sum_{a \in M} (a - \bar{a})^2 h(a) = \sum_{a \in M} (a - \bar{a})^2 p(a) \quad (\bar{a} \text{ arithm. Mittel}). \qquad (30)$$

6.29 Beispiel

Zu Beispiel 4.5 ergibt sich folgende relative Häufigkeitsverteilung:

Kinderzahl	0	1	2	3	4	5	6
Relative H.	.10	.35	.25	.15	.125	.025	0

und ein arithmetisches Mittel $\bar{x} = 1.925$. Daraus berechnet man als Varianz:

$$\begin{aligned} s^2 &= 1.925^2 \cdot 0.10 + 0.925^2 \cdot 0.35 + 0.075^2 \cdot 0.25 + 1.075^2 \cdot 0.15 \\ &\quad + 2.075^2 \cdot 0.125 + 3.075^2 \cdot 0.025 + 4.075^2 \cdot 0 = 1.619. \end{aligned}$$

Bei klassierten Merkmalen wird die Varianz ebenfalls analog zur mittleren absoluten Abweichung berechnet: Sei z_I jeweils die Klassenmitte der Klasse I mit der Häufigkeit $h(I)$ $(p(I))$. Sei ferner $\bar{x}$ das arithmetische Mittel, so heißt (n Anzahl der Beobachtungswerte)

$$s^2 = \frac{1}{n} \sum_I (z_I - \bar{x})^2 h(I) = \sum_I (z_I - \bar{x})^2 p(I) \qquad (31)$$

Varianz und $s = \sqrt{s^2}$ **Standardabweichung** der Verteilung.

---
[2] Dies folgt aus der sogenannten Tschebyscheffschen Ungleichung (vgl. z.B. Bol, 1992, S.180, 194 u. 230).

6.30 Beispiel

Arithmetisches Mittel der klassierten Altersangaben in Beispiel 4.2 ist $\bar{x} = 38.25$. Die Berechnung der Varianz wird durch eine Arbeitstabelle erleichtert:

Alter	abs. Hfgkt.	rel. Hfgkt.	z_I	$z_I - \bar{x}$	$(z_I - \bar{x})^2$	$(z_I - \bar{x})^2 p(I)$
unter 20	4	0.1	17.5	20.75	430.56	43.06
20 b.u. 30	9	0.225	25	13.25	175.56	39.50
30 b.u. 40	10	0.25	35	3.25	10.56	2.64
40 b.u. 50	8	0.2	45	6.75	45.56	9.11
50 b.u. 60	5	0.125	55	16.75	280.56	35.07
über 60	4	0.1	62.5	24.25	588.06	58.81
					$s^2 =$	188. 19

Dadurch, daß innerhalb der einzelnen Klassen die wahren Beobachtungswerte durch die Klassenmitte als Repräsentanten der Klasse ersetzt werden, bleibt bei der Berechnung der Varianz die Streuung der Werte innerhalb der Klassen unberücksichtigt. Dies hat als Konsequenz, daß die Varianz der klassierten Daten im allgemeinen niedriger ausfällt als die Varianz, die aus der Urliste – also vor der Klassierung – berechnet wird. Dies gilt auch dann, wenn die Verteilung der Beobachtungswerte in den Klassen gleichmäßig über die ganze Klasse ist. Allerdings kann auch das Gegenteil eintreten – nämlich eine gegenüber den unklassierten Daten zu hohe Varianz –, falls nämlich die Beobachtungswerte in den Klassen jeweils zum arithmetischen Mittel der gesamten Erhebung hin orientiert und damit nicht gleichmäßig in den Klassen verteilt sind.

Die Berechnung der Varianz vereinfacht sich gelegentlich durch die folgende Umformung der Berechnungsformel:

$$s^2 = \frac{1}{n}\sum_{i=1}^{n}(x_i - \bar{x})^2 = \frac{1}{n}\sum_{i=1}^{n}(x_i^2 - 2x_i\bar{x} + \bar{x}^2) = \frac{1}{n}(\sum_{i=1}^{n} x_i^2) + \bar{x}^2 \quad (32)$$
$$- 2\bar{x}\frac{1}{n}\sum_{i=1}^{n} x_i = \frac{1}{n}(\sum_{i=1}^{n} x_i^2) - \bar{x}^2.$$

Übungsaufgabe 6.7: Man zeige, daß $s^2(m) = s^2 + (\bar{x} - m)^2$ gilt.

Analog gilt:

$$s^2 = \frac{1}{n}\sum_{a \in M} a^2 h(a) - \bar{a}^2 = \sum_{a \in M} a^2 p(a) - \bar{a}^2 \quad (33)$$

und
$$s^2 = \frac{1}{n}\sum_I z_I^2 h(I) - \bar{x}^2 = \sum_I z_I^2 p(I) - \bar{x}^2. \tag{34}$$

6.31 Beispiel

In Beispiel 4.7 errechnet man auf diese Weise:

x_i	1.49, 1.87, 1.91, 1.53, 1.68, 1.75, 1.66, 1.82, 1.76, 1.80,
x_i^2	2.22, 3.50, 3.65, 2.34, 2.82, 3.06, 2.76, 3.31, 3.10, 3.24,

	$\sum$
1.92, 1.71, 1.77, 1.69, 1.57, 1.83, 1.84, 1.47, 1.79, 1.81	34.67
3.69, 2.92, 3.13, 2.86, 2.46, 3.35, 3.39, 2.16, 3.20, 3.28	60.44

und damit $\bar{x} = 1.73$, $s^2 = 0.017$ und $s = 0.130$.

6.32 Lage- und Streuungsparameter bei Transformation der Merkmalswerte.

Mittlere absolute Abweichung und Standardabweichung haben den Nachteil, daß sie keine dimensionslose Größen sind. Sie haben vielmehr die gleiche Dimension wie die Merkmalsausprägungen; daher reagieren sie auch auf eine Dimensionsänderung. (Welche Transformationen bei den einzelnen Kardinalskalen zugelassen sind, wurde in § 3 besprochen.) Bei Lageparametern ist dies ebenso, jedoch aufgrund der Aufgabe dieser Parameter unvermeidlich.

Sei also
$$y = \alpha x + \beta \tag{35}$$
eine Transformation der Merkmalsausprägungen. Wie verändern sich dann die Lage- und Streuungsparameter?

Die statistische Reihe $x_1, ..., x_n$ geht über in $y_1, ..., y_n$ mit $y_i = \alpha x_i + \beta$. Für Modalwert, Zentralwert und arithmetisches Mittel gilt dann dieselbe Transformationsformel:

$$y_M = \alpha x_M + \beta, \quad y_z = \alpha x_z + \beta, \quad \bar{y} = \alpha \bar{x} + \beta \tag{36}$$

Damit ist

$$d_y = \sum \frac{\mid y_i - y_z \mid}{n} = \sum \frac{\mid \alpha x_i + \beta - (\alpha x_z + \beta) \mid}{n} \qquad (37)$$
$$= \sum \frac{\mid \alpha \mid \cdot \mid x_i - x_z \mid}{n} = \mid \alpha \mid \cdot d_x$$

und

$$s_y^2 = \sum \frac{(y_i - \bar{y})^2}{n} = \sum \frac{(\alpha x_i + \beta - \alpha \bar{x} - \beta)^2}{n} \qquad (38)$$
$$= \sum \frac{\alpha^2 \cdot (x_i - \bar{x})^2}{n} = \alpha^2 s_x^2.$$

Um auch bei verschiedener Wahl der Einheiten diese Größen vergleichen zu können, bezieht man die Standardabweichung auf den Mittelwert:

6.33 Definition

Sei s die Standardabweichung und $\bar{x}$ das arithmetische Mittel einer Verteilung, so heißt

$$v = \frac{s}{\bar{x}} \qquad \text{(selten: } v = \frac{d}{x_z}) \qquad (39)$$

Variationskoeffizient der Verteilung.

6.34 Beispiel

Nach Beispiel 6.31 ergibt sich der Variationskoeffizient $v_x = 0.075$, mißt man die Körpergrößen in cm, so erhält man $\bar{y} = 173$ und $s_y = 13.04$, also ebenfalls $v_y = 0.075$.

Führt man eine Transformation $y = \alpha x, \alpha > 0$ der Merkmalsausprägungen durch, so gilt

$$v_y = \frac{s_y}{\bar{y}} = \frac{\alpha \cdot s_x}{\alpha \cdot \bar{x}} = \frac{s_x}{\bar{x}} = v_x. \qquad (40)$$

Für Transformationen $y = \alpha x + \beta, \beta \neq 0$, gilt dies nicht (warum?).

6 Lage- und Streuungsparameter

Lage- und Streuungsparameter geben in den Fällen, in denen die Häufigkeitsverteilung eingipfelig und symmetrisch ist, ein recht genaues Bild über die Verteilung (s.Abb. 6.7). Die Kurven geben einen idealisierten Verlauf der Histogramme, der sich bei einer Reduzierung der Klassenbreite gegen Null und wachsender Zahl von Beobachtungen ergibt. Wie auch durch theoretische Überlegungen der Wahrscheinlichkeitstheorie („Zentraler Grenzwertsatz"[3]) begründet, tritt eine Verteilung diesen Typs („Normalverteilung"[4]) in der Praxis zumindest näherungsweise häufig auf.

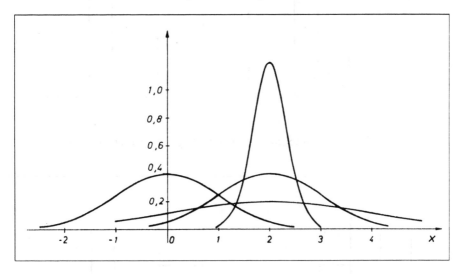

Abbildung 6.7 Eingipfelige und symmetrische Verteilungen.

Für eingipfelige symmetrische Verteilungen von diesem Typ läßt sich die Bemerkung 6.28 über die Bedeutung von Mittelwert und Standardabweichung verschärfen:

In diesem Fall liegen etwa

        68%   aller Werte im Intervall $[\bar{x} - s, \bar{x} + s]$,
        95%   aller Werte im Intervall $[\bar{x} - 2s, \bar{x} + 2s]$,
        99%   aller Werte im Intervall $[\bar{x} - 3s, \bar{x} + 3s]$.

---

[3] vgl. etwa Henn/Kischka, 1979; Bol, 1992.
[4] Die Entdeckung der Normalverteilung wurde lange Zeit Gauß („Gauß-Verteilung", „Gaußsche Glockenkurve"), später Laplace und Gauß zugeschrieben. Tatsächlich wird sie wohl zuerst von de Moivre behandelt.
Carl Friedrich Gauß, 1777-1855, dt. Mathematiker und Astronom.
Pierre Simon Marquis de Laplace, 1749, 1827, franz. Mathematiker und Astronom.
Abraham de Moivre, 1667-1754, franz. Mathematiker.

Sind diese Voraussetzungen jedoch nicht erfüllt, so sind diese beiden Parameter nicht ausreichend, um die Verteilung zu charakterisieren. Die Abbildungen 6.8-6.11 zeigen skizzenhaft verschiedene Typen solcher Verteilungen, bei denen die Angabe von zwei Parametern nicht ausreicht.

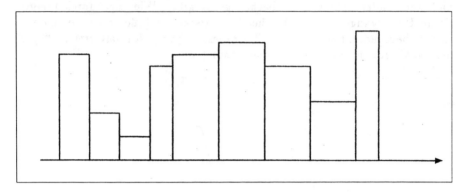

Abbildung 6.8 Histogramm einer mehrgipfeligen Verteilung.

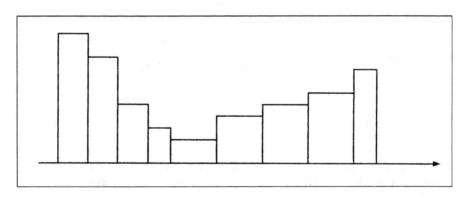

Abbildung 6.9 Histogramm einer U-förmigen Verteilung.

Auch für die dort dargestellten Eigenschaften „rechtsschief" und „linksschief" einer Verteilung kann eine Kennzahl (die „Schiefe") ermittelt werden. Da aber eine vollständige Übersicht über alle eingeführten und benutzten Kennzahlen in dieser Einführung in die deskriptive Statistik ohnehin nicht möglich ist, sei der interessierte Leser auf die Literatur verwiesen (s.z.B. Hartung, 1982).

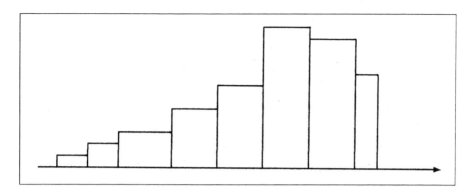

Abbildung 6.10 Histogramm einer linksschiefen Verteilung.

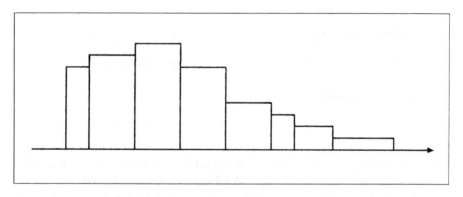

Abbildung 6.11 Histogramm einer rechtsschiefen Verteilung.

Die Verwendung von Lage- und Streuungsparametern zur Beschreibung und Charakterisierung von Häufigkeitsverteilungen kann dann natürlich auch bei graphischen Darstellungen ausgenutzt werden. Eine immer populärer werdende Darstellungsform dieser Art sind **Boxplots**. Dabei werden der Median, die Quartile und je nach Ausführung weitere Größen benutzt.

Neben einer Skala (Achse der reellen Zahlen) wird ein Rechteck („Box") vom unteren ($q_{0.25}$) zum oberen ($q_{0.75}$) Quartil gezeichnet, das durch den Zentralwert a_z geteilt wird (Abb. 6.12).

Die außerhalb dieses Bereichs liegenden Merkmalswerte werden durch sogenannte Fühler (whiskers) wiedergegeben. Zur Bestimmung der Fühler gibt es bedauerlicherweise keine einheitliche Vorschrift. Wir folgen hier der Darstellung von Polasek, 1988. Danach gehen die Fühler bis zu den beiden „Anrainern" (adjacent values). Das sind die Werte, die am weitesten links und rechts liegen, aber nicht weiter als das 1.5-fache des Quartilsabstandes vom

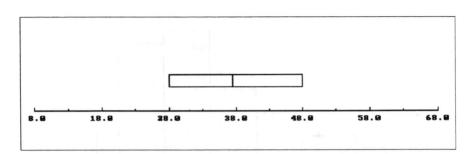

Abbildung 6.12 Zur Konstruktion des Boxplots.

unteren bzw. oberen Quartil entfernt sind:

- **unterer Anrainer**

$$uA = \min\{x_{(i)} \mid x_{(i)} \geq q_{0.25} - 1.5QA\}$$

- **oberer Anrainer**

$$oA = \max\{x_{(i)} \mid x_{(i)} \leq q_{0.75} + 1.5QA\}$$

Merkmalswerte, die außerhalb der Anrainer liegen, stehen unter Ausreißerverdacht, wobei man noch zwischen **Außenpunkten** und **Fernpunkten** unterscheidet. Außenpunkte haben einen Abstand von höchstens $3 \cdot QA$ von den Quartilen. Fernpunkte liegen noch weiter außen (siehe Abbildung 6.13).

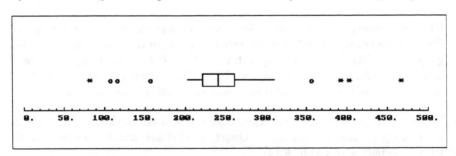

Abbildung 6.13 Boxplot mit Außen-(0) und Fernpunkten (*).

Natürlich könnte man noch das arithmetische Mittel und die Standardabweichung berücksichtigen, jedoch besteht dann auch die Gefahr, daß die Graphik durch Information überladen ist. Weitere Varianten des Boxplots findet man in Gessler, 1991.

6.35 Beispiel

Für Beispiel 4.2 haben wir (vgl. Beispiel 6.6 und 6.20) $q_{0.75} = 48, q_{0.25} = 28$ und damit einen Quartilsabstand von 20. Der Median ist $a_z = q_{0.5} = 37.5$. Unterer bzw. oberer Anrainer ist damit der kleinste bzw. größte beobachtete Wert (vgl. Abbildung 6.14).

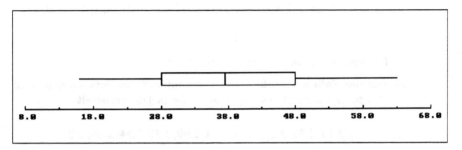

Abbildung 6.14 Boxplot zu Beispiel 6.35.

Übungsaufgaben

8. a) Bei einer Befragung über die Anzahl der Krankheitstage im Jahre 90 bei 30 Beschäftigten eines Betriebs wurden folgende Zahlen ermittelt:

   1, 5, 9, 13, 24, 2, 7, 4, 17, 32, 22, 7, 5, 17, 23, 4, 11, 23, 4, 0, 4, 7, 3, 12,

   24, 2, 7, 3, 11, 27.

   Bestimmen Sie die Lageparameter.

   b) Für eine Zahnpastatube eines bestimmten Herstellers wurden in 10 Geschäften Karlsruhes folgende Preise in DM ermittelt:

   2.15, 2.35, 2.24, 2.49, 2.13, 1.99, 2.39, 2.24, 2.55, 2.29.

   Berechnen Sie die Spannweite, die Varianz und die Standardabweichung.

9. Gegeben ist die folgende Häufigkeitstabelle eines quantitativen Merkmals:

Merkmalsausprägung	0	2	4	6	8	10
relative Häufigkeit	0.15	0.20	0.05	0.30	0.20	0.10

   Bestimmen Sie sämtliche Lage- und Streuungsparameter.

10. Eine Umfrage nach dem Alter (vollendete Lebensjahre) der Einwohner einer Stadt ergab folgendes Resultat:

Alter	0-5	6-10	11-20	21-30	31-50	51-70	71-100
Anzahl	364	728	1029	1820	1456	1092	728

    Man berechne sämtliche Lage- und Streuungsparameter.

11. Zu den Angaben in Aufgabe 6.8 a) berechne man die α-Quantile zu $\alpha=20\%$ und $\alpha=60\%$. Ferner zeichne man ein Boxplot.

7 Konzentration von Merkmalswerten

Bei vielen Verteilungen sind Lage- und Streuungsparameter für die Analyse einer Häufigkeitsverteilung nicht ausreichend. Bei einer Einkommensverteilung (s. etwa das Beispiel der Jahreseinkommen) ist neben dem arithmetischen Mittel, also dem durchschnittlichen Einkommen, ein Streuungsparameter, z.B. die Standardabweichung, von Bedeutung, der dann etwas über die Abweichung vom mittleren Einkommen aussagt. Die Standardabweichung ist allerdings nicht sehr anschaulich und zum anderen auch nicht genügend aussagekräftig, da die Verteilung sicherlich in der Regel nicht symmetrisch ist. Es gibt viele mit geringeren Einkommen als dem Durchschnittseinkommen und einige wenige, die wesentlich höhere Einkommen haben (rechtsschiefe Verteilung). Aus diesem Grund besteht der Wunsch bei dieser und vielen anderen Verteilungen, diese Ungleichheit in der Verteilung der Einkommen sichtbar und damit vergleichbar zu machen, sowie nach Möglichkeit ein aussagekräftiges Maß für diese Situation zu finden. Es geht dabei darum – etwas ungenau formuliert – zu messen, wie die Summe der Beobachtungswerte auf der statistischen Masse verteilt ist bzw. ob sich wesentliche Anteile an einigen Stellen der statistischen Masse konzentrieren. Man nennt solche Maße daher Konzentrationsmaße. Sie sind neben dem oben erwähnten Beispiel insbesondere bei der Wettbewerbskontrolle von Bedeutung, sowie außerdem (teilweise aber auch in Zusammenhang damit) noch bei jeder Art von Besitzverteilung (z.B. Produktivvermögen, Haus- und Grundbesitz, Sparguthaben etc.).

Wichtigstes graphisches Hilfsmittel zur Verdeutlichung von Konzentrationsphänomenen ist die Lorenzkurve (benannt nach M.A.Lorenz, der sie 1904 einführte).[1] Ausgegangen wird dabei von einer geordneten nichtnegativen statistischen Reihe mit positiver Summe der Beobachtungswerte (Merkmalssumme)

$$0 \leq x_{(1)} \leq x_{(2)} \leq \ldots \leq x_{(n)}, \quad x = \sum_{i=1}^{n} x_{(i)} > 0 \qquad (1)$$

Für $k = 1, \ldots, n$ berechnet man nun das Verhältnis

$$v_k = \frac{\sum_{i=1}^{k} x_{(i)}}{\sum_{i=1}^{n} x_{(i)}} = \frac{x_{(1)} + \ldots + x_{(k)}}{x_{(1)} + \ldots + x_{(n)}} \qquad (2)$$

v_k ist also der Anteil an der Merkmalssumme, der auf die k statistischen Einheiten mit den kleinsten Merkmalswerten $(x_{(1)}, \ldots, x_{(k)})$ entfällt, bei einer Einkommensverteilung also die k niedrigsten Einkommen. Die k statistischen

---
[1] Max Otto Lorenz, 1876-1959, amerikanischer Statistiker.

Einheiten bilden einen Anteil

$$u_k = \frac{k}{n} \tag{3}$$

an der gesamten statistischen Masse. Damit steht also dem Anteil u_k an der statistischen Masse ein Anteil v_k an der Merkmalssumme gegenüber, also möglicherweise etwa einem Zehntel der Bevölkerung ein Anteil von $\frac{1}{30}$ der Merkmalssumme. Für $k = 1,\ldots,n$ trägt man die Punkte (u_k, v_k) in ein Koordinatenkreuz ein und verbindet sie durch einen Streckenzug, beginnend mit dem Ursprung (0,0):

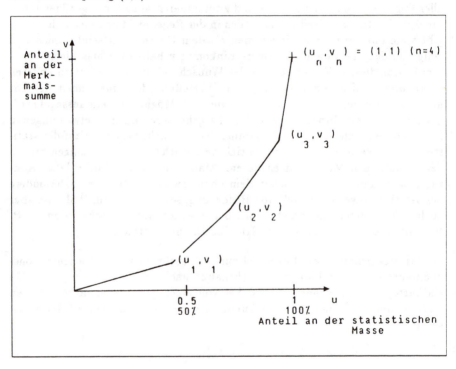

Abbildung 7.1 Lorenzkurve.

7.1 Beispiel

Die geordnete statistische Reihe der Monatslöhne in einem mittleren Handwerksbetrieb laute wie folgt in DM:

500, 1900, 2050, 2200, 2250, 2400, 2600, 2950, 4000, 5000.

Merkmalssumme ist: 25850. Damit erhält man die folgende Tabelle:

7 Konzentration von Merkmalswerten

u_k	0.1	0.2	0.3	0.4	0.5	0.6	0.7	0.8	0.9	1.0
v_k	0.02	0.09	0.17	0.26	0.34	0.44	0.54	0.65	0.81	1.0

und die Lorenzkurve in Abb. 7.2.

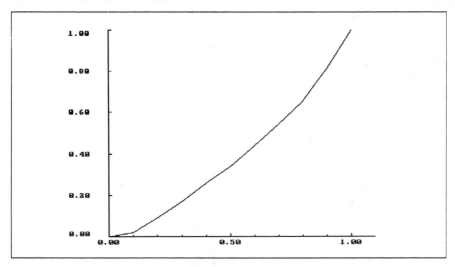

Abbildung 7.2 Lorenzkurve zu Beispiel 7.1.

Der Verlauf, wie er in der Figur wiedergegeben ist, ist typisch, da die Lorenzkurve die folgenden Eigenschaften aufweist:

a) Die Lorenzkurve beginnt in (0,0) und endet in (1,1).

b) Die Lorenzkurve verläuft nirgendwo oberhalb der Diagonalen.

c) Die Lorenzkurve steigt monoton.

d) Die Lorenzkurve ist konvex.

Übungsaufgabe 7.1: Man weise diese Eigenschaften nach.

Die Diagonale ist die Bezugskurve zur Lorenzkurve. Sind nämlich alle Beobachtungswerte gleich:
$$0 < x_1 = x_2 = \ldots = x_n, \qquad (4)$$
so ist für $k = 1, \ldots, n$

$$v_k = \frac{\sum_{i=1}^{k} x_i}{\sum_{i=1}^{n} x_i} = \frac{k \cdot x_1}{n \cdot x_1} = \frac{k}{n} = u_k. \qquad (5)$$

Die Diagonale gibt also den Zustand wieder, in dem die Merkmalssumme völlig gleichmäßig über die Masse verteilt ist („Gleichverteilung der Merkmalssumme"), bei einer Einkommensverteilung also jeder Haushalt das gleiche Einkommen hat. Aus der Sicht der Konzentration der Idealzustand ohne jegliche Konzentration.

Zu dem Idealzustand der Gleichverteilung entgegengesetzt ist der Extremfall, daß die gesamte Merkmalssumme in einer statistischen Einheit vereint ist. („Einer besitzt alles."):

$$0 = x_{(1)} = \ldots = x_{(n-1)} < x_{(n)}. \tag{6}$$

Die Lorenzkurve dazu ist in Abbildung 7.3 dargestellt.

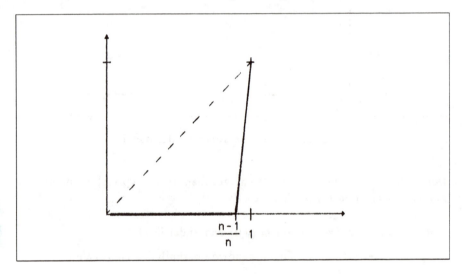

Abbildung 7.3 Lorenzkurve bei vollständiger Konzentration.

Für großes n, also viele statistische Einheiten, erhält man bei vollständiger Konzentration „nahezu" die Katheden des rechtwinkligen Dreiecks mit den Eckpunkten (0,0), (1,0), (1,1).

Aus diesen beiden Extremfällen ergibt sich folgende **Interpretation der Lorenzkurve: Je weiter die Lorenzkurve von der Diagonalen entfernt ist, je mehr die Lorenzkurve also durchhängt, desto größer ist die Konzentration.**

Bei der Berechnung aus der absoluten Häufigkeitsverteilung besteht natürlich die Möglichkeit, die geordnete Urliste zu rekonstruieren. Man erhält dann in der Regel Abschnitte in der geordneten Urliste, die aus übereinstimmenden Merkmalswerten bestehen.

7.2 Beispiel

Gegeben ist die Häufigkeitsverteilung

a	1	2	3
$h(a)$	2	3	1
$p(a)$	$0.\bar{3}$	0.5	$0.1\bar{6}$

Geordnete Urliste ist dann: 1, 1, 2, 2, 2, 3; Merkmalssumme ist 11.

Damit erhält man die Koordinaten der Lorenzkurve:

u_k	0	$\frac{1}{6}$	$\frac{2}{6}$	$\frac{3}{6}$	$\frac{4}{6}$	$\frac{5}{6}$	1
v_k	0	$\frac{1}{11}$	$\frac{2}{11}$	$\frac{4}{11}$	$\frac{6}{11}$	$\frac{8}{11}$	1

und die Lorenzkurve in Abbildung 7.4.

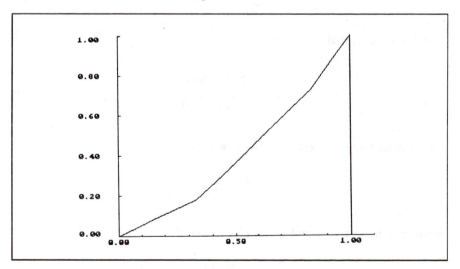

Abbildung 7.4 Lorenzkurve zu Beispiel 7.2.

Man sieht, daß übereinstimmende Merkmalswerte zu Geradenstücken gleicher Steigung führen. Es genügt also, die Werte für $k = 2$ und $k = 5$ zu berechnen.

Übungsaufgabe 7.2:

Sei $x_{(k)} = x_{(k+1)}$. Man zeige, daß der Punkt (u_k, v_k) auf der Geraden durch die Punkte (u_{k-1}, v_{k-1}) und (u_{k+1}, v_{k+1}) liegt.

Entsprechend dem Beispiel soll also die Lorenzkurve aus der Häufigkeitsverteilung direkt ermittelt werden. Die Merkmalssumme ist wie bei der Berechnung des arithmetischen Mittels

$$x = \sum_{a \in M} a \cdot h(a). \tag{7}$$

Zur Berechnung der Koordinaten sind die Merkmalsausprägungen zu ordnen:

$$0 \leq a_1 < a_2 < \ldots < a_m. \tag{8}$$

Auf die k niedrigsten **Merkmalsausprägungen** entfällt dann die Summe der Merkmalswerte, die mit diesen Merkmalsausprägungen übereinstimmen

$$\sum_{i=1}^{k} a_i \cdot h(a_i) \tag{9}$$

und damit ein Anteil von

$$v_k = \frac{\sum_{i=1}^{k} a_i \cdot h(a_i)}{\sum_{a \in M} a \cdot h(a)}. \tag{10}$$

Dieser Anteil an der Merkmalssumme wird von

$$\sum_{i=1}^{k} h(a_i) \tag{11}$$

statistischen Einheiten und damit einem Anteil

$$u_k = \frac{\sum_{i=1}^{k} h(a_i)}{\sum_{a \in M} h(a)} \tag{12}$$

an der statistischen Masse gehalten.

7.3 Beispiel

Im Beispiel von oben erhält man

u_k	0	$\frac{2}{6}$	$\frac{5}{6}$	1
v_k	0	$\frac{2}{11}$	$\frac{8}{11}$	1

Liegt nur die relative Häufigkeitsverteilung vor, so läßt sich weder die Merkmalssumme noch die Anzahl der Beobachtungen bestimmen. Diese Größen werden jedoch zur Berechnung der Lorenzkurve nicht benötigt. Es gilt

$$u_k = \sum_{i=1}^{k} p(a_i), \quad v_k = \frac{\sum_{i=1}^{k} a_i p(a_i)}{\sum_{a \in M} ap(a)}. \tag{13}$$

7.4 Beispiel

In Beispiel 7.2 erhält man

$$\sum_{i=1}^{3} a_i p(a_i) = 1 \cdot \frac{1}{3} + 2 \cdot \frac{1}{2} + 3 \cdot \frac{1}{6} = \frac{11}{6}$$

und damit

$$v_1 = \frac{\frac{1}{3}}{\frac{11}{6}} = \frac{2}{11}, v_2 = \frac{(\frac{1}{3} + 1)}{\frac{11}{6}} = \frac{8}{11}, v_3 = 1 \text{ wie in Beispiel 7.3.}$$

Bei einem **klassierten Merkmal** kann weder u_k noch v_k gebildet werden. Seien I_j die Klassen und $h(I_j)$ bzw. $p(I_j)$ die absoluten bzw. relativen Häufigkeiten. Die Klasse I hat damit den relativen Anteil $p(I) = \frac{h(I)}{n}$ an der statistischen Masse. Seien also die Klassen $I_1, \ldots, I_m$ nach ihren Klassengrenzen geordnet, dann kann man statt $u_1, \ldots, u_n$ die Werte

$$p(I_1), p(I_1) + p(I_2), \ldots, \sum_{j=1}^{m} p(I_j) \tag{14}$$

verwenden. Welcher Anteil an der Merkmalssumme kommt einer Klasse I zu? Genau läßt sich dies nur anhand der Urliste oder der Häufigkeitsverteilung der unklassierten Daten feststellen. Geht man davon aus, daß die Klassenmitte z_I das arithmetische Mittel der Merkmalswerte der Klasse ist, so ist

$$z_I h(I) \quad \text{Merkmalssumme der Klasse } I \tag{15}$$

und

$$\sum_{j=1}^{m} z_j h(I_j) \quad \text{Merkmalssumme der Gesamtmasse} \tag{16}$$

Damit setzt man

$$v_k = \frac{\sum_{j=1}^{k} z_j h(I_j)}{\sum_{j=1}^{m} z_j h(I_j)} \quad \text{für } k = 1, \ldots, m \tag{17}$$

und erhält so die Punkte

$$(u_k, v_k) = \left(\sum_{j=1}^{k} p(I_j), \frac{\sum_{j=1}^{k} z_j h(I_j)}{\sum_{j=1}^{m} z_j h(I_j)} \right) \quad \text{für } k = 0, \ldots, m \tag{18}$$

der Lorenzkurve.

Analog ergeben sich die Formeln für die relativen Häufigkeiten:

$$u_k = \sum_{j=1}^{k} p(I_j), \; v_k = \frac{\sum_{j=1}^{k} z_j p(I_j)}{\sum_{j=1}^{m} z_j p(I_j)} \tag{19}$$

7.5 Beispiel

Die Häufigkeitstabelle der Einkommen der Männer aus Beispiel 7.3 ergibt folgende Punkte der Lorenzkurve:

u_k	0.05	0.20	0.40	0.65	0.85	0.95	1
$\sum_{j=1}^{k} z_j h(I_j)$ in TDM	25	250	700	1387.5	2087.5	2587.5	2950
v_k	0.008	0.085	0.237	0.470	0.708	0.877	1

und damit die Lorenzkurve in Abbildung 7.5.

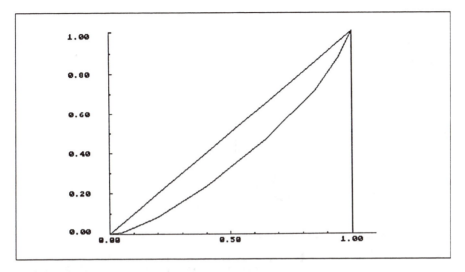

Abbildung 7.5 Lorenzkurve zu Beispiel 7.5.

Der Konzentration entspricht die Abweichung von der Diagonale. Daher kann man die Konzentration auch dadurch messen, daß man die Abweichung von der Diagonalen in irgendeiner Form mißt. Eine Möglichkeit ist, den Inhalt der Fläche zwischen Diagonale und Lorenzkurve zu bestimmen. Da dies aber vom Zeichenmaßstab abhängt, setzt man sie zur Gesamtfläche des Dreiecks mit den Eckpunkten (0,0), (1,0), (1,1) in Beziehung. Man erhält so den sogenannten **Gini-Koeffizienten**[2]

$$G = \frac{\text{Fläche zwischen Diagonale D und Lorenzkurve L}}{\text{Fläche zwischen Diagonale D und } u\text{-Achse}}$$

Zur Berechnung von G aus den Punkten

$$(u_0, v_0) = (0, 0), (u_1, v_1), \ldots, (u_n, v_n) = (1, 1)$$

betrachtet man die Zeichnung 7.6.

---

[2] Corrado Gini, 1884-1965, italienischer Statistiker.

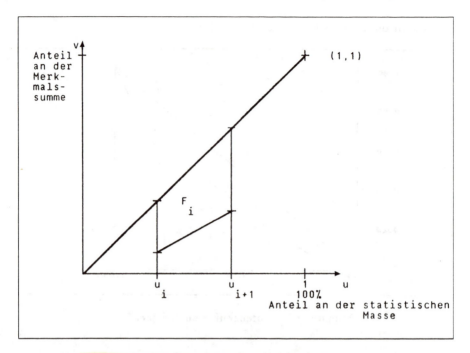

Abbildung 7.6 Zur Berechnung des Gini-Koeffizienten.

Für F_i gilt

$$F_i = (u_{i+1} - u_i) \cdot \left(\frac{u_i - v_i}{2} + \frac{u_{i+1} - v_{i+1}}{2} \right), \qquad (20)$$

da F_i (um 90° gedreht) ein Trapez mit der Höhe $u_{i+1} - u_i$ und der Mittellinie

$$0.5((u_i - v_i) + (u_{i+1} - v_{i+1}))$$

ist.

Damit ist

$$G = \frac{\frac{1}{2} \sum_{i=0}^{n-1} (u_{i+1} - u_i)(u_i - v_i + u_{i+1} - v_{i+1})}{\frac{1}{2}} \qquad (21)$$

$$= \sum_{i=0}^{n-1} (u_{i+1} - u_i)(u_i - v_i + u_{i+1} - v_{i+1})$$

Setzt man die Daten aus der geordneten Urliste ein, so erhält man nach einigem Rechenaufwand

$$G = \frac{2 \cdot \sum_{i=1}^{n} i \cdot x_{(i)} - (n+1) \cdot \sum_{i=1}^{n} x_{(i)}}{n \cdot \sum_{i=1}^{n} x_{(i)}}. \qquad (22)$$

Übungsaufgabe 3: Man weise die Formel (22) nach.

7.6 Beispiel

a) In Beispiel 7.1 erhält man nach der ersten Formel im Rahmen der Rechengenauigkeit

$$G = \frac{1}{10} \cdot (2 \cdot 0.08 + 2 \cdot 0.11 + 2 \cdot 0.13 + 2 \cdot 0.14 + 2 \cdot 0.16 + 2 \cdot 0.16 +$$
$$+ 2 \cdot 0.16 + 2 \cdot 0.15 + 2 \cdot 0.09) = \frac{2}{10} \cdot 1.18 = 0.24$$

und nach der zweiten

$$G = \frac{2 \cdot 172500 - 11 \cdot 25850}{10 \cdot 25850} = 0.2346.$$

Der Unterschied ist durch die Rundung der beiden Koordinaten (u_k, v_k) begründet.

b) Aus den Daten von Beispiel 7.2 bzw. 7.3 erhält man

$$\begin{aligned} G &= \frac{2}{6} \cdot \left(\frac{2}{6} - \frac{2}{11}\right) + \frac{3}{6} \cdot \left(\frac{2}{6} + \frac{5}{6} - \frac{2}{11} - \frac{8}{11}\right) + \frac{1}{6} \cdot \left(\frac{5}{6} + 1 - \frac{8}{11} - 1\right) \\ &= \frac{2}{6} \cdot \frac{10}{66} + \frac{3}{6} \cdot \frac{17}{66} + \frac{1}{6} \cdot \frac{7}{66} = \frac{78}{6 \cdot 66} = \frac{13}{66} = 0.20. \end{aligned}$$

c) Für die Einkommensverteilung der Männer lautet der Gini-Koeffizient:

$$\begin{aligned} G &= 0.05 \cdot 0.042 + 0.15 \cdot 0.157 + 0.2 \cdot 0.278 + 0.25 \cdot 0.343 + 0.2 \cdot 0.322 \\ & \quad + 0.1 \cdot 0.215 + 0.05 \cdot 0.073 \\ &= 0.257. \end{aligned}$$

Den Maximalwert des Ginikoeffizienten erhält man, wenn man

$$0 = x_{(1)} = \ldots = x_{(n-1)}, x_{(n)} = \sum_{i=1}^{n} x_{(i)}$$

setzt, d.h. die Merkmalssumme einer einzigen statistischen Einheit zugeordnet wird (vgl. oben). Dann ist nach der zweiten Formel

$$G_{\max} = \frac{2 \cdot n \cdot x_{(n)} - (n+1) \cdot x_{(n)}}{n \cdot x_{(n)}} = \frac{n-1}{n} \qquad (23)$$

Da man von einer Maßzahl üblicherweise den Maximalwert 1 erwartet, setzt man als normierten Ginikoeffizienten

$$G_{\text{norm}} = \frac{n}{n-1} \cdot G. \qquad (24)$$

Damit gilt

$$0 \leq G_{\text{norm}} \leq 1 \qquad (25)$$

und

$G_{\text{norm}} = 1$ bei vollständiger Konzentration,
$G_{\text{norm}} = 0$ bei gleichmäßiger Verteilung der Merkmalssumme.

Diese Normierung ist aber offensichtlich nur dann möglich, wenn die Gesamtzahl n der Beobachtungen bekannt ist. Mit der Verteilung der relativen Häufigkeiten alleine kann der normierte Gini-Koeffizient nicht berechnet werden. Schon für relativ niedrige Werte von n wirkt sich jedoch der Normierungsfaktor nicht mehr wesentlich aus.

Wichtiger als die Normierung ist jedoch, daß beim Vergleich verschiedener Länder gleiche Erfassungsmaßstäbe angelegt werden. Werden beispielsweise in einem der Länder statistische Einheiten mit Merkmalswert 0 nicht erfaßt, so verringert sich dadurch der Gini-Koeffizient (normiert oder nicht) u.U. beträchtlich und ein Vergleich wird unmöglich. (Man mache sich dies klar, indem man etwa in Beispiel 7.1 die Urliste um 5 Werte der Höhe 0 ergänzt.)

Der Gini-Koeffizient verdichtet die durch die Lorenzkurve gegebene Darstellung der Konzentration zu einer Zahl. Dies bedeutet, daß gegenüber der Lorenzkurve Information verloren geht; es ist insbesondere möglich, bei zwei Untersuchungen nahezu denselben Wert für den Gini-Koeffizienten zu erhalten, obwohl die Situation dennoch wesentliche Unterschiede aufweist (vgl. Abb. 7.7).

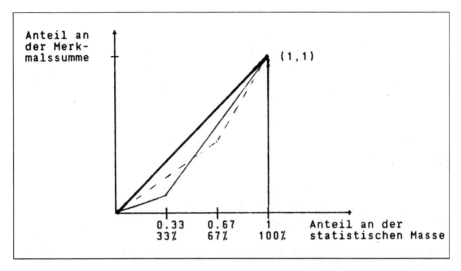

Abbildung 7.7   Beispiel zweier Lorenzkurven mit übereinstimmendem Gini-Koeffizienten.

Bei Land 1 ist die Verteilung bei der Hälfte derjenigen, die weniger begütert sind, gleichmäßiger als bei Land 2, dafür ist bei Land 2 die Verteilung bei der anderen Hälfte gleichmäßiger. Der Gini-Koeffizient stimmt überein (vgl. auch folgende Übungsaufgabe).

Übungsaufgabe 7.4:

Auf einem Markt mit einem Umsatz von 1 Mrd. DM sind 20 Firmen beteiligt: In Fall 1 gibt es 4 Firmen mit einem Umsatz von zusammen 500 Mio DM, die restlichen 16 Firmen haben übereinstimmenden Umsatz. In Fall 2 gibt es 10 Firmen mit einem Umsatz von je 80 Mio DM und 10 Firmen mit je 20 Mio DM Umsatz. In Fall 3 gibt es eine Firma mit 35% Marktanteil, die übrigen 19 teilen sich den Rest gleichmäßig auf. Man zeichne zu allen Fällen die Lorenzkurve und berechne die Gini-Koeffizienten.

7.7 Beispiel

Aufgrund einer Spezialauswertung der Einkommens- und Verbrauchsstichprobe 1973 ermitteln Mierheim/Wicke (1978) für die Bundesrepublik Deutschland u.a. folgende Gini-Koeffizienten (s. auch Bamberg/Baur S.27):

Untersuchungsmerkmal	Gini-Koeffizient G
Produktivvermögen	0.83
Wertpapiere	0.81
Haus- und Grundbesitz	0.78
Sparguthaben	0.36
Bausparguthaben	0.35
Gesamtvermögen	0.75

Übungsaufgabe 7.5:

Anhand der Tabelle der Einkünfte von Beispiel 4.9 berechne man einen Gini-Koeffizienten für die Einkünfte der Lohn- und Einkommenssteuerpflichtigen des Jahres 1983 in der Bundesrepublik Deutschland.

Neben dem Gini-Koeffizienten werden noch weitere Konzentrationsmaße verwendet. So insbesondere

a) Die **Konzentrationskoeffizienten** CR_g:

$$CR_g = \frac{\sum_{i=n-g+1}^{n} x_{(i)}}{\sum_{i=1}^{n} x_{(i)}} \quad \text{für } g = (1, 2,)3, \ldots \quad (26)$$

CR_g gibt an, welchen Anteil der Merkmalssumme die g letzten Merkmalswerte der geordneten statistischen Reihe in sich vereinen. Für kleine Werte von g dürfen die Koeffizienten wegen des Persönlichkeitsschutzes nicht veröffentlicht werden. Die Vorgehensweise entspricht der Konstruktion der Lorenzkurve, wobei die geordnete Urliste von rechts nach links, also in umgekehrter Reihenfolge abgearbeitet wird.

Die zugehörige Kurve wird üblicherweise als **Paretokurve**[3] bezeichnet[4] und wird in der Betriebswirtschaftslehre öfter benutzt. Beispielsweise können wir bei einem Lager mit vielen verschiedenen gelagerten Teilen unterschiedlichen Stückwerts für jede Teilenummer nach dem Gesamtwert der davon gelagerten Teile fragen.

Bilden wir dann die Konzentrationskoeffizienten und tragen diese analog zur Lorenzkurve von links nach rechts auf, so erhält man eine Darstellung folgender Art.

Entsprechend den angegebenen (oder anders gewählten) Schranken werden die Teile dann meist in drei Gruppen eingestuft (**ABC-Analyse**).

---

[3] Vilfredo Pareto, 1848-1923, Ital. Ökonom und Soziologe.
[4] Sie ist gegebüber der Lorenzkurve gerade um 180° gedreht.

7 Konzentration von Merkmalswerten

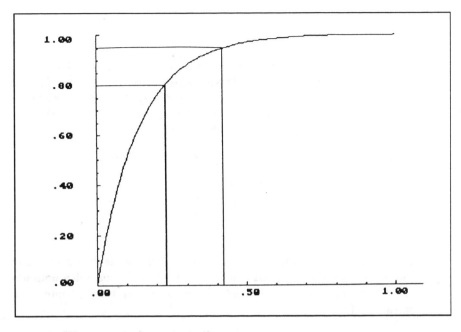

Abbildung 7.8 Paretokurve.

b) Die Zahl

$$H := \sum_{i=1}^{n} \left(\frac{x_i}{\sum_{i=1}^{n} x_i} \right)^2 \quad \text{heißt } \textbf{Herfindahl-Index.}[5] \tag{27}$$

Für H gilt: $H_{\min} = \frac{1}{n} \leq H \leq 1 = H_{\max}$ (**Übungsaufgabe 7.6**).
H ist die Summe der quadrierten individuellen Anteile an der Merkmalssumme. Je größer H ist, desto größer ist die Konzentration.

Eine Übersicht und vergleichende Darstellung zu Konzentrationsmaßen gibt Piesch, 1975. In Schmid, 1991, wird insbesondere auch die Frage behandelt, wie Konzentrationsmaße auf Umverteilungen reagieren.

---

[5] Orris C. Herfindahl, 1918-1972, Energie-Ökonom.

Übungsaufgaben

7. In einer fünfköpfigen Familie wurde über einen Monat die Anzahl der abgeschickten Briefe gezählt. Davon wurden von der Mutter 6, vom Vater 8, den Kindern Jochen 2, Silke 4 und Anja 5 Briefe abgeschickt. Zeichnen Sie dazu die Lorenzkurve und berechnen Sie den (nicht normierten und normierten) Gini-Koeffizienten.

8. Gegeben ist die folgende empirische Verteilungsfunktion:

$$F(x) = \begin{cases} 0 & x < 10 \\ 0.25 & 10 \leq x < 20 \\ 0.7 & 20 \leq x < 30 \\ 1 & 30 \leq x \end{cases}$$

   Stellen Sie dazu die Häufigkeitstabelle auf, zeichnen Sie die Lorenzkurve und berechnen Sie den Ginikoeffizienten. Können Sie auch den normierten Ginikoeffizienten berechnen? Wenn ja, wie lautet er, wenn nein, warum nicht?

9. Bei den Aktionären einer Aktiengesellschaft wurde folgende Häufigkeitsverteilung für die Anzahl der Aktien im Depot ermittelt

Anzahl	1-5	6-10	11-15	16-20	21-25
rel. Häufigkeit	0.10	0.35	0.25	0.20	0.10

   Man zeichne die Lorenzkurve und bestimme den Ginikoeffizienten.

8 Mehrdimensionale Merkmale

In der Regel wird man sich bei statistischen Untersuchungen nicht darauf beschränken, bei statistischen Einheiten die Merkmalswerte eines einzigen Merkmals festzustellen. So wurde bei der Bevölkerungsstatistik zu Beginn der Einführung bei den einzelnen statistischen Massen neben dem Merkmal Geschlecht auch das Merkmal Religionszugehörigkeit festgestellt. Auch bei Volkszählungen werden für jede Person eine Vielzahl von Merkmalswerten erhoben. Weitere Beispiele sind etwa

1) bei der Untersuchung des Bremsverhaltens eines PKW die Geschwindigkeit bei Beginn des Bremsvorgangs, die Länge des Bremsweges, die Reifenarten, die Profiltiefe der Reifen etc.,

2) bei der Umsatzstatistik eines Automobilkonzerns neben regionalen Aspekten auch Modelltyp, Ausstattungsvariante, Farbe, Eigenschaften des Käufers etc.

Das Ergebnis der Untersuchung einer statistischen Masse S auf mehrere (etwa $k \geq 2$) Merkmale besteht also zunächst in einer Tabelle, bei der für jede statistische Einheit die Merkmalswerte der einzelnen Merkmale aufgelistet sind.

		Merkmale				
		1	2	3		k
	s_1	x_{11}	x_{12}	x_{13}	...	x_{1k}
	s_2	x_{21}	x_{22}	x_{23}	...	x_{2k}
stat.	.	.				.
Einheiten	.	.				.
	.	.				.
	s_n	x_{n1}	x_{n2}	x_{n3}	...	x_{nk}

Abb. 8.1   Tabelle der Merkmalswerte.

Sei also S eine statistische Masse, so liegt nun nicht mehr ein einzelnes Merkmal vor:

$$b : S \mapsto M, \qquad (1)$$

sondern $k \geq 2$ Merkmale

$$b_1 : S \mapsto M, \quad \ldots \quad , b_k : S \mapsto M. \qquad (2)$$

Die Merkmalswerte $b_1(s), ..., b_k(s)$ einer statistischen Einheit s kann man zusammenfassen zu einem k-Tupel (Merkmals-k-Tupel)

$$(b_1(s), ..., b_k(s)). \tag{3}$$

Man spricht daher auch von einem k-**dimensionalen Merkmal**.[1]

8.1 Beispiel

Betrachtet man etwa die Bevölkerungsstatistik aus § 1, so sieht man, daß für jede erfaßte statistische Einheit neben dem Merkmal Geschlecht noch die Religionszugehörigkeit berücksichtigt ist. Für die Zugangsmasse (und analog für die Abgangsmasse) ist außerdem die Art des Zugangs vermerkt. Aus der Tabelle ist jeweils die Häufigkeit der einzelnen Kombinationen ersichtlich.

Für jedes einzelne dieser Merkmale ist es möglich, die bisherigen Auswertungsmethoden anzuwenden, indem man jedes einzelne Merkmal separat behandelt. Auf diese Weise können aber gerade die interessierenden wechselseitigen Abhängigkeiten nicht festgestellt werden. Mit der gemeinsamen Analyse mehrerer Merkmale beschäftigen wir uns im folgenden. Wir beschränken uns dabei auf den Fall $k = 2$.

Bei zwei Merkmalen erhält man für jede statistische Einheit ein Paar von Beobachtungswerten. Die Urliste (nach Zerstörung der Zuordnung zwischen Einheiten und Merkmalswerten) besteht daher aus n Paaren von Beobachtungswerten (Beobachtungspaaren), wobei n die Anzahl der statistischen Einheiten ist:

$$(x_1, y_1), (x_2, y_2), (x_3, y_3), ..., (x_n, y_n). \tag{4}$$

8.2 Beispiel

Ist in der Situation von Beispiel 4.1 neben der Punktzahl im Leistungskurs Mathematik noch die Punktzahl im Grundkurs Deutsch beobachtet worden, so erhält man zunächst beispielsweise folgende Tabelle:

---

[1] Gelegentlich werden auch die Ausprägungen eines Merkmals als Dimensionen bezeichnet, so daß ein Merkmal mit k Dimensionen in dieser Sprechweise ein Merkmal mit k Merkmalsausprägungen ist. Aus dem Zusammenhang dürfte leicht zu erkennen sein, was gemeint ist.

Schüler	s_1	s_2	s_3	s_4	s_5	s_6	s_7	s_8	s_9	s_{10}
Punktzahl in										
Mathematik	8	14	9	13	8	12	9	11	12	9
Deutsch	5	9	9	8	12	8	10	10	9	10
	s_{11}	s_{12}	s_{13}	s_{14}	s_{15}	s_{16}	s_{17}	s_{18}	s_{19}	s_{20}
	12	14	10	12	9	7	11	12	13	9
	7	13	9	11	6	14	12	8	6	5

Die Urliste lautet damit:

$(8,5), (14,9), (9,9), (13,8), (8,12), (12,8), (9,10), (11,10), (12,9), (9,10),$

$(12,7), (14,13), (10,9), (12,11), (9,6), (7,14), (11,12), (12,8), (13,6), (9,5)$

Sind die beiden Merkmale zumindest ordinalskaliert, d.h. ihre Merkmalsausprägungen haben eine natürliche Reihenfolge, so läßt sich eine solche statistische Reihe ordnen, indem man die Wertepaare zunächst nach dem ersten Beobachtungswert ordnet. Stimmen bei zwei Merkmalspaaren die ersten „Komponenten" überein, so richtet sich die Reihenfolge nach dem zweiten Merkmal. Ein derartiges Ordnungsprinzip nennt man **lexikographische Ordnung** (Natürlich kann man auch die Rolle der beiden Merkmale austauschen.).

8.3 Beispiel

Im Beispiel oben ergibt sich somit die geordnete Urliste:

$(7,14), (8,5), (8,12), (9,5), (9,6), (9,9), (9,10), (9,10), (10,9), (11,10)$

$(11,12), (12,7), (12,8), (12,8), (12,9), (12,11), (13,6), (13,8), (14,9), (14,13)$

In vielen Fällen werden einzelne Wertepaare mehrfach auftreten. Man wird dann die Häufigkeiten dieser Merkmalspaare feststellen. Sei also

a eine Merkmalsausprägung des ersten Merkmals,
b eine Merkmalsausprägung des zweiten Merkmals,

so kann man anhand der statistischen Reihe feststellen, wie oft das Wertepaar (a,b) in der Urliste auftritt. Diese Zahl heißt absolute **Häufigkeit der Merkmalskombination** (a,b) und wird mit $h(a,b)$ bezeichnet. Entsprechend heißt $p(a,b) = \frac{1}{n} \cdot h(a,b)$, wobei n die Anzahl der Beobachtungen ist, **relative Häufigkeit der Merkmalskombination** (a,b).

Die Menge der möglichen Kombinationen (a,b) ergibt sich aus den Mengen der Merkmalsausprägungen der beiden Merkmale unabhängig von der statistischen Reihe. Sei M_1 die Menge der Merkmalsausprägungen von Merkmal 1, M_2 die von Merkmal 2, so ist das cartesische Produkt $M_1 \times M_2 = \{(a,b) \mid a \in M_1, b \in M_2\}$ die Menge der möglichen Kombinationen von Merkmalsausprägungen. Zur Verdeutlichung des Unterschieds zwischen den möglichen Kombinationen von Merkmalsausprägungen und den tatsächlich beobachteten wird im folgenden bei letzteren, also bei den Wertepaaren der Urliste von Beobachtungspaaren gesprochen.

Seien im endlichen Fall

$a_1, ..., a_r$ alle Merkmalsausprägungen von Merkmal 1,
$b_1, ..., b_s$ alle Merkmalsausprägungen von Merkmal 2,

so gibt es $r \cdot s$ theoretisch mögliche Wertepaare.

Die Gesamtheit aller Merkmalskombinationen zusammen mit ihren absoluten (relativen) Häufigkeiten heißt **zweidimensionale Häufigkeitsverteilung**. Sei M_1 bzw. M_2 die Menge der Merkmalsausprägungen von Merkmal 1 bzw. 2, so ist die Häufigkeitsverteilung also eine Abbildung von $M_1 \times M_2$ nach $\mathbf{N} \cup \{0\}$ bzw. $[0,1]$. Eine zweidimensionale Häufigkeitsverteilung läßt sich im endlichen Fall in Tabellenform darstellen, indem man die Merkmalsausprägungen $a_1, ..., a_r$ und $b_1, ..., b_s$ an verschiedenen Achsen aufträgt:

	b_1	b_2	b_3	$\cdots$	b_s
a_1	$h(a_1,b_1)$	$h(a_1,b_2)$	$h(a_1,b_3)$	$\cdots$	$h(a_1,b_s)$
a_2	$h(a_2,b_1)$	$h(a_2,b_2)$	$h(a_2,b_3)$	$\cdots$	$h(a_2,b_s)$
$\vdots$	$\vdots$	$\vdots$	$\vdots$	$\vdots$	$\vdots$
a_r	$h(a_r,b_1)$	$h(a_r,b_2)$	$h(a_r,b_3)$	$\cdots$	$h(a_r,b_s)$

Abb. 8.2   Zweidimenionale Häufigkeitstabelle (Schema).

Die tabellarische Darstellung einer zweidimensionalen Häufigkeitsverteilung von nominalskalierten Merkmalen heißt **Kontingenztabelle**. Sind beide Merkmale mindestens ordinalskaliert (Rangmerkmal oder quantitatives Merkmal), so nennt man sie **Korrelationstabelle**.

8.4   Beispiel

1. Zu Beispiel 8.2 ergibt sich folgende Häufigkeitstabelle:

		Punkte in Mathematik									
		6	7	8	9	10	11	12	13	14	15
	5	-	-	1	1	-	-	-	-	-	-
	6	-	-	-	1	-	-	-	1	-	-
	7	-	-	-	-	-	-	1	-	-	-
	8	-	-	-	-	-	-	2	1	-	-
Punkte	9	-	-	-	1	1	-	1	-	1	-
in	10	-	-	-	2	-	1	-	-	-	-
Deutsch	11	-	-	-	-	-	-	1	-	-	-
	12	-	-	1	-	-	1	-	-	-	-
	13	-	-	-	-	-	-	-	-	1	-
	14	-	1	-	-	-	-	-	-	-	-
	15	-	-	-	-	-	-	-	-	-	-

Einige Zeilen und Spalten wurden dabei weggelassen, da dort keine Eintragungen vorliegen.

2. Eine Untersuchung bei 50 Familien hat folgendes Ergebnis über die Anzahl von im Haushalt lebenden Kindern und der Religionszugehörigkeit der Mutter erbracht:

		Kinderzahl				
		0	1	2	3	4
Religions-	rk	1	5	7	2	2
zu-	ev	2	4	10	5	-
gehörigkeit	sonst	2	1	7	2	-

Die Tabelle der relativen Häufigkeiten ist dann

		Kinderzahl				
		0	1	2	3	4
Religions-	rk	.02	.10	.14	.04	.04
zu-	ev	.04	.08	.20	.10	-
gehörigkeit	sonst	.04	.02	.14	.04	-

Ein Strich bedeutet in einer Häufigkeitstabelle, daß eine Merkmalskombination nicht aufgetreten ist. Demgegenüber besagt eine 0 häufig, daß der konkrete Wert von 0 verschieden ist, aber im Rahmen der angegebenen Genauigkeit (also gerundet) 0 ergibt.

Bei stetigen Merkmalen und diskreten Merkmalen mit vielen Merkmalsausprägungen im Verhältnis zur Größe der statistischen Masse werden bei einem oder beiden Merkmalen Klassen gebildet (zur Klassenbildung vgl. § 4). Man erhält die Häufigkeiten dann in Abhängigkeit von den Klassen.

1. Ist das erste Merkmal klassiert in den Klassen $I_1, ..., I_k$, das zweite nicht:

$$h(I_j, b_t) = \#\{(x_i, y_i) \mid x_i \in I_j, y_i = b_t\} \qquad (5)$$
$$p(I_j, b_t) = \frac{1}{n} \cdot h(I_j, b_t), j = 1, ..., k, t = 1, ..., s.$$

2. Ist umgekehrt das zweite klassiert mit den Klassen $J_1, ..., J_m$ und das erste nicht:

$$h(a_j, J_t) = \#\{(x_i, y_i) \mid x_i = a_j, y_i \in J_t\} \qquad (6)$$
$$p(a_j, J_t) = \frac{1}{n} \cdot h(a_j, J_t), j = 1, ..., r, t = 1, ..., m.$$

3. Sind beide klassiert mit den Klassen $I_1, ..., I_k$ für das erste Merkmal und $J_1, ..., J_m$ für das zweite Merkmal, so ist

$$h(I_j, J_t) = \#\{(x_i, y_i) \mid x_i \in I_j, y_i \in J_t\} \qquad (7)$$
$$p(I_j, J_t) = \frac{1}{n} \cdot h(I_j, J_t), j = 1, ..., k, t = 1, ..., m.$$

Bei der graphischen Darstellung zwei- und mehrdimensionaler Merkmale ergeben sich dieselben Prinzipien wie im eindimensionalen Fall, wobei im Unterschied zum eindimensionalen Fall die absoluten bzw. relativen Häufigkeiten jetzt Kombinationen von Merkmalsausprägungen zugeordnet sind. Damit ergibt sich die Aufgabe, diese Kombinationen in möglichst übersichtlicher Weise anzuordnen. Bei zweidimensionalen Merkmalen kann dies z.B. auch durch eine Anordnung in der Ebene erfolgen, wobei für die Darstellung der Häufigkeiten dann die dritte Dimension zur Verfügung steht, was bei Abbildungen natürlich eine perspektivische Darstellung erfordert (vgl. Abb. 8.4).

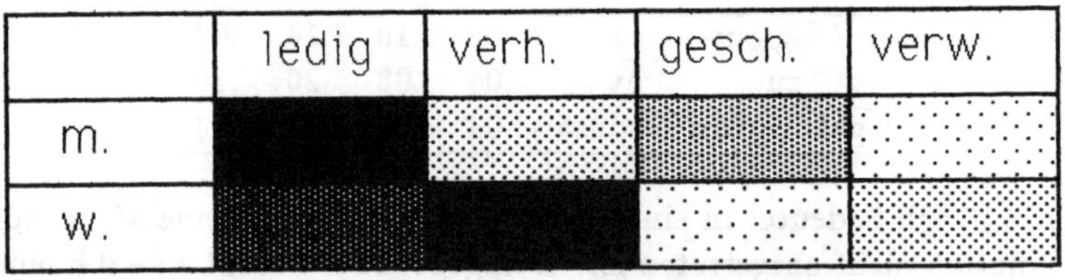

Abbildung 8.3 Graphische Darstellung mit unterschiedlicher Schraffierung.

Anstelle der dritten Dimension besteht noch die Möglichkeit der Differenzierung mit Farben, unterschiedlich starken Grautönen oder verschiedenartigen Schraffierungen (vgl. Abb. 8.3).

8 Mehrdimensionale Merkmale   113

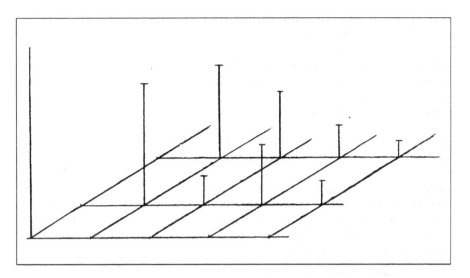

Abbildung 8.4 Stabdiagramm eines zweidimensionalen Merkmals.

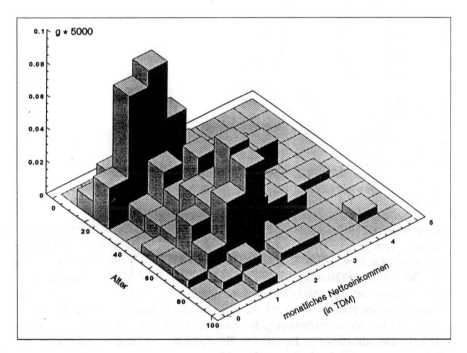

Abbildung 8.5 Zweidimensionales Histogramm (Gessler, 1991).

Bei der graphischen Darstellung von klassierten Daten eines zweidimensionalen Merkmals erhält man anstelle des zweidimensionalen **Histogramms** eine dreidimensionale Figur, wobei bei Abbildungen wieder eine perspektivische Darstellung verwendet wird. Man beachte aber, daß es sich um eine **volumenproportionale** Darstellung handelt. Bei unterschiedlichen Klassenbreiten bei beiden Merkmalen ist die unterschiedliche Grundfläche jeder Säule zu berücksichtigen (Abb. 8.5).

Für eine ausgezeichnete Übersicht der Möglichkeiten, multivariate Daten graphisch darzustellen, sei nochmals auf Gessler, 1991, verwiesen.

Trägt man die Beobachtungspaare bei quantitativen Merkmalen in einem Koordinatensystem ein, so erhält man ein sogenanntes **Streuungsdiagramm**. Durch das Streuungsdiagramm kann man einen Anhaltspunkt dafür erhalten, ob (und welcher Art) möglicherweise ein Zusammenhang zwischen den beiden Merkmalen besteht (Abb. 8.6).

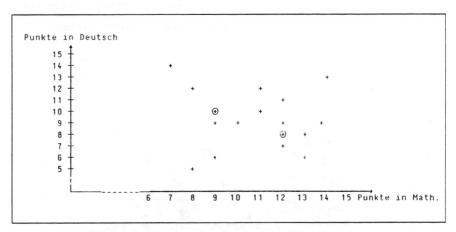

Abbildung 8.6 Streuungsdiagramm zu Beispiel 8.2.

Zur rechnerischen Feststellung eines Zusammenhangs betrachten wir die Kontingenz- bzw. Korrelationstabelle nochmals. Bildet man zu einer Merkmalsausprägung a bzw. einer Klasse I des ersten Merkmals die Zeilensumme in der Tabelle, so erhält man die Häufigkeit, in der diese Merkmalsausprägung bzw. Klasse auf der statistischen Masse auftritt. Trägt man also alle Zeilensummen am Rand ein, so erhält man die Häufigkeitsverteilung des ersten Merkmals bei Vernachlässigung des zweiten Merkmals und zwar sowohl für die absolute, als auch für die relative Häufigkeitsverteilung. Analoges gilt für die Spaltensummen bzgl. des zweiten Merkmals.

Die Verteilung nur eines Merkmals einer zweidimensionalen Häufigkeitsverteilung heißt **Randverteilung**.

	b_1	b_2	b_3	$\cdots$	b_s	
a_1	$h(a_1,b_1)$	$h(a_1,b_2)$	$h(a_1,b_3)$	$\cdots$	$h(a_1,b_s)$	$h(a_1)$
a_2	$h(a_2,b_1)$	$h(a_2,b_2)$	$h(a_2,b_3)$	$\cdots$	$h(a_2,b_s)$	$h(a_2)$
$\vdots$	$\vdots$	$\vdots$	$\vdots$	$\vdots$	$\vdots$	
a_r	$h(a_r,b_1)$	$h(a_r,b_2)$	$h(a_r,b_3)$	$\cdots$	$h(a_r,b_s)$	$h(a_r)$
	$h(b_1)$	$h(b_2)$	$h(b_3)$	$\cdots$	$h(b_s)$	n

Abb. 8.7 Zweidimensionale Häufigkeitsverteilung mit Randverteilung (Schema).

8.5 Beispiele

In Beispiel 8.4 ergeben sich folgende Randverteilungen:

1. In absoluten Häufigkeiten bei den Punktzahlen:

		Punkte in Mathematik									
		6	7	8	9	10	11	12	13	14	15	
	5	-	-	1	1	-	-	-	-	-	-	2
	6	-	-	-	1	-	-	-	1	-	-	2
	7	-	-	-	-	-	-	1	-	-	-	1
	8	-	-	-	-	-	-	2	1	-	-	3
Punkte	9	-	-	-	1	1	-	1	-	1	-	4
in	10	-	-	-	2	-	1	-	-	-	-	3
Deutsch	11	-	-	-	-	-	-	1	-	-	-	1
	12	-	-	1	-	-	1	-	-	-	-	2
	13	-	-	-	-	-	-	-	-	1	-	1
	14	-	1	-	-	-	-	-	-	-	-	1
	15	-	-	-	-	-	-	-	-	-	-	0
	0	-	1	2	5	1	2	5	2	2	0	20

2. In relativen Häufigkeiten bei der Anzahl der Kinder:

		Kinderzahl					
		0	1	2	3	4	
Religions-	rk	.02	.10	.14	.04	.04	.34
zu-	ev	.04	.08	.20	.10	-	.42
gehörigkeit	sonst	.04	.02	.14	.04	-	.24
		.10	.20	.48	.18	.04	1.0

Um nun den Einfluß (falls vorhanden) des einen Merkmals auf das andere feststellen zu können, fixiert man zunächst eine bestimmte Ausprägung dieses Merkmals (a sei diese Merkmalsausprägung) und betrachtet nur die statistischen Einheiten, die diese Merkmalsausprägung tragen. Hat Merkmal 1 einen Einfluß auf Merkmal 2, so wird die spezielle Merkmalsausprägung a die Struktur von Merkmal 2 auf der Menge der statistischen Einheiten mit Merkmalsausprägung a beeinflussen.

8.6 Beispiel

Betrachtet wurden die Merkmale Geschlecht und Körpergröße bei 20 Schüler(inne)n einer Abiturklasse; man erhielt die folgende Häufigkeitsverteilung:

Geschlecht	Körpergröße (über bis einschließlich)						$\sum$
	140-150	150-160	160-170	170-180	180-190	190-200	
weiblich	1	2	5	1	0	0	9
männlich	0	0	1	5	3	2	11

Man erkennt deutlich die Unterschiede des Merkmals Körpergröße bei den Schülerinnen gegenüber den Schülern. Bei größeren Datenmengen kann man die Unterschiede durch Berechnung der relativen Häufigkeiten offenlegen.

In diesem Beispiel erhält man die relativen Häufigkeiten der Körpergrößen innerhalb der Schülerinnen:

140-150	150-160	160-170	170-180	180-190	190-200
$\frac{1}{9}$	$\frac{2}{9}$	$\frac{5}{9}$	$\frac{1}{9}$	0	0

und die relativen Häufigkeiten innerhalb der Schüler:

140-150	150-160	160-170	170-180	180-190	190-200
0	0	$\frac{1}{11}$	$\frac{5}{11}$	$\frac{3}{11}$	$\frac{2}{11}$

Ein Vergleich dieser Häufigkeitsverteilungen zeigt klare Unterschiede; nur wenn sie identisch (oder zumindest sehr ähnlich) wären, könnte man einen Einfluß ausschließen.

Formal wurde also folgendes durchgeführt:

8 Mehrdimensionale Merkmale

Sei $S_a = \{s \in S \mid b_1(s) = a\}$ die Menge der statistischen Einheiten, die bei Merkmal 1 die Merkmalsausprägung a tragen. S_a nennen wir **reduzierte statistische Masse unter der Bedingung a** (bei Merkmal 1)[2]. Analog ist natürlich eine Reduzierung der statistischen Masse bei einer vorgegebenen Merkmalsausprägung b von Merkmal 2 möglich, wobei die entsprechende Bezeichnungsweise verwendet wird. Im allgemeinen ist aus der Angabe der Merkmalsausprägung a bzw. b klar, um welches der beiden Merkmale es sich handelt.

Die Anzahl der statistischen Einheiten in S_a (die absolute Häufigkeit) ist $h(a)$ und ergibt sich aus der Randverteilung. Absolute Häufigkeit einer Merkmalsausprägung b von Merkmal 2 in der reduzierten statistischen Masse S_a unter der Bedingung a ist $h(a, b)$.

Damit erhält man die relative Häufigkeit der Merkmalsausprägung b in der unter der Bedingung a reduzierten statistischen Masse S_a

$$p(b \mid a) := \frac{h(a,b)}{h(a)} = \frac{p(a,b)}{p(a)} \quad \text{für} \quad h(a), p(a) \neq 0 \tag{8}$$

$p(b \mid a)$ wird wie folgt gelesen: „p von b unter der Bedingung a", und **bedingte relative Häufigkeit der Merkmalsausprägung b unter der Bedingung a** genannt.

Die bedingte relative Häufigkeit einer Merkmalsausprägung b unter der Bedingung a ist also die relative Häufigkeit von b in der Menge der statistischen Einheiten, die die Merkmalsausprägung a tragen.[3]

Die Häufigkeitsverteilung von Merkmal 2 auf S_a heißt dementsprechend: **bedingte Häufigkeitsverteilung von Merkmal 2 unter der Bedingung a**.

Die Rollen der Merkmale 1 und 2 bzw. von a und b lassen sich natürlich vertauschen, so daß

$$p(a \mid b) := \frac{h(a,b)}{h(b)} = \frac{p(a,b)}{p(b)} \quad \text{für} \quad h(b), p(b) \neq 0 \tag{9}$$

die bedingte relative Häufigkeit von a unter der Bedingung b heißt. Allgemein spricht man von den **bedingten Häufigkeitsverteilungen**.

---

[2] Im Beispiel also etwa die Menge der Schülerinnen (a = weiblich).
[3] Im Beispiel also etwa die relative Häufigkeit der Klasse 150-160 bei den Schülerinnen.

8.7 Beispiel

Zu der Untersuchung in Beispiel 8.4 möchte man angeben, welcher Anteil der Mütter mit rk., ev. oder sonstiger Religionszugehörigkeit 0,1,2,3 oder 4 Kinder haben. Dazu muß die bedingte Häufigkeitsverteilung der Kinderzahl unter der Bedingung der Religionszugehörigkeit bestimmt werden. Diese wird für die einzelnen Religionszugehörigkeiten nach Beziehung (8) bestimmt mit (a=Anzahl der Kinder)

$$p(a \mid rk) = \frac{p(a, rk)}{p(rk)},$$

$$p(a \mid ev) = \frac{p(a, ev)}{p(ev)},$$

$$p(a \mid \text{sonst.}) = \frac{p(a, \text{sonst.})}{p(\text{sonst.})}.$$

und als bedingte Häufigkeitsverteilung der Anzahl der im Haushalt lebenden Kinder unter der Bedingung der Religionszugehörigkeit der Mutter angegeben.

		0	1	2	3	4	$\sum$
	rk.	0.059	0.294	0.412	0.118	0.118	1
Religions-	ev.	0.095	0.190	0.476	0.238	0	1
zugehörigkeit	sonst.	$0.1\bar{6}$	$0.08\bar{3}$	$0.58\bar{3}$	$0.1\bar{6}$	0	1

Zu den bedingten Häufigkeitsverteilungen kann man die Lage- und Streuungsparameter wie bei gewöhnlichen Häufigkeitsverteilungen bestimmen. Man erhält so die **bedingten Lage-** und **Streuungsparameter**.

8.8 Beispiel

Aus der bedingten Häufigkeitsverteilung der Kinderzahl unter der Bedingung der Religionszugehörigkeit der Mutter (vgl. Beispiel 8.7) lassen sich bedingte Lage- und Streuungsparameter berechnen. Das bedingte arithmetische Mittel der Kinderzahl ist für Mütter mit Religionszugehörigkeit rk

$$\bar{x} = \sum_{a=0}^{4} a\, p(a \mid rk)$$
$$= 0 + 0.294 + 2 \cdot 0.412 + 3 \cdot 0.118 + 4 \cdot 0.118 = 1.944,$$

für Mütter mit Religionszugehörigkeit ev

$$\bar{x} = 0.190 + 2 \cdot 0.476 + 3 \cdot 0.238 = 1.856,$$

und für Mütter mit sonstiger Religionszugehörigkeit

$$\bar{x} = 0.08\bar{3} + 2 \cdot 0.58\bar{3} + 3 \cdot 0.1\bar{6} = 1.76.$$

Für das diskrete Merkmal der Kinderzahl ist die Angabe eines arithmetischen Mittels nur dann sinnvoll, wenn der Mittelwert nicht als Repräsentant der Kinderzahl in einer Familie, sondern als Durchschnittswert interpretiert wird. Die bedingten Mediane für die verschiedenen Religionszugehörigkeiten können aus den bedingten empirischen Verteilungsfunktionen berechnet werden mit

$$x_z = \min\{x \mid F(x) > 0.5\}.$$

Für alle Religionszugehörigkeiten übertrifft bei 2 Kindern die bedingte empirische Verteilungsfunktion erstmals den Wert 0.5, so daß der bedingte Median für alle Religionszugehörigkeiten mit $x_z = 2$ übereinstimmt. Die bedingte Varianz der Kinderzahl ist

$$\begin{aligned} s^2 &= \sum_{a=0}^{4} p(a \mid rk)(a - \bar{x})^2 \\ &= 0.059(-1.944)^2 + 0.294(-0.944)^2 + 0.412 \cdot 0.056^2 + \\ &\quad 0.118(1.056)^2 + 0.118(2.056)^2 \\ &= 1.117 \end{aligned}$$

bei Müttern mit Religion rk,

$$\begin{aligned} s^2 &= 0.095(-1.856)^2 + 0.190(-0.856)^2 + 0.476(0.144)^2 + 0.238(1.144)^2 \\ &= 0.788 \end{aligned}$$

bei Müttern mit Religion ev und

$$\begin{aligned} s^2 &= 0.1\bar{6}(-1.75)^2 + 0.08\bar{3}(-0.75)^2 + 0.58\bar{3}(0.25)^2 + 0.1\bar{6}(1.25)^2 \\ &= 0.854 \end{aligned}$$

bei Müttern mit sonstiger Religionszugehörigkeit.

Ein Einfluß von Merkmal 1 auf Merkmal 2 (und entsprechend umgekehrt) muß sich im Datenmaterial dadurch widerspiegeln, daß – jede Merkmalsausprägung a von Merkmal 1 wirkt in unterschiedlicher Weise auf Merkmal 2 ein – die bedingte Häufigkeitsverteilung von Merkmal 2 unter der Bedingung a von der Merkmalsausprägung a beeinflußt ist. Sie verändert sich dann bei Variation von a, d.h. für verschiedene Merkmalsausprägungen a und a' sind die bedingten Häufigkeitsverteilungen von Merkmal 2 unterschiedlich.

Negativ formuliert bedeutet dies: Es liegt **kein Einfluß von Merkmal 1 auf Merkmal 2** vor, wenn die bedingten Häufigkeitsverteilungen von Merkmal 2 unter Bedingung a für alle Merkmalsausprägungen a von Merkmal 1 übereinstimmen.

Für alle $a, a' \in M_1$ mit $p(a), p(a') \neq 0$ gilt:

$$p(b \mid a) = p(b \mid a') \quad \text{für alle } b \in M_2. \tag{10}$$

Analog erhält man:

Es liegt **kein Einfluß von Merkmal 2 auf Merkmal 1** vor, wenn die bedingten Häufigkeitsverteilungen von Merkmal 1 unter Bedingung b für alle Merkmalsausprägungen b von Merkmal 2 übereinstimmen.

Für alle $b, b' \in M_2$ mit $p(b), p(b') \neq 0$ gilt:

$$p(a \mid b) = p(a \mid b') \quad \text{für alle } a \in M_1. \tag{11}$$

Es läßt sich zeigen, daß die Bedingungen (10) und (11) gleichwertig sind.

8.9 Satz

(10) bzw. (11) gilt genau dann, wenn gilt: Für alle $a \in M_1$ mit alle $b \in M_2$ ist

$$p(a, b) = p(a) \cdot p(b) \tag{12}$$

Beweis:
Gilt (10), so ist $p(b \mid a)$ von a unabhängig. Damit ist für $a, a' \in M_1$ mit $p(a') \neq 0 \neq p(a)$

$$p(b) = \sum_{a' \in M_1} p(a', b) = \sum_{a' \in M_1} p(b \mid a') \cdot p(a') \qquad (13)$$

$$= p(b \mid a) \sum_{a' \in M_1} p(a') = p(b \mid a) = \frac{p(a, b)}{p(a)} \qquad (14)$$

und damit gilt (12). Gilt $p(a) = 0$, so ist auch $p(a, b) = 0$ und damit gilt (12).

Setzt man (12) voraus, so ist für $p(a) \neq 0$

$$p(b \mid a) = \frac{p(a, b)}{p(a)} = \frac{p(a) \cdot p(b)}{p(a)} = p(b) \qquad (15)$$

und damit (10) erfüllt.

Analog zeigt man die Äquivalenz von (11) und (12).

Damit sind die Bedingungen (10), (11) und (12) gleichwertig. Zur Definition von Unabhängigkeit verwenden wir Bedingung (12).

8.10 Definition

Zwei Merkmale heißen **unabhängig** auf einer statistischen Masse, wenn für alle Merkmalsausprägungen a von Merkmal 1 und alle Merkmalsausprägungen b von Merkmal 2

$$p(a, b) = p(a) \cdot p(b) \qquad (16)$$

gilt. Im anderen Fall, also wenn für mindestens ein a und mindestens ein b

$$p(a, b) \neq p(a) \cdot p(b) \qquad (17)$$

ist, heißen die Merkmale **abhängig**.

Zur Überprüfung kann aber jede der drei Bedingungen herangezogen werden. Der Rechenaufwand ist im allgemeinen übereinstimmend.

8.11 Beispiel

In 8.4 sind die Merkmale Religionszugehörigkeit der Mütter und Anzahl der im Haushalt lebenden Kinder offensichtlich nicht unabhängig, denn aus den

Randverteilungen in Beispiel 8.5 wird deutlich, daß z.B. für Mütter mit rk Religion, die keine Kinder haben, gilt

$$p(rk, 0) = 0.02 \neq p(rk) \cdot p(0) = 0.34 \cdot 0.1.$$

Die Abhängigkeit der beiden Merkmale kann auch daraus abgelesen werden, daß die bedingten Häufigkeitsverteilungen (vgl. Bsp. 8.7 für die verschiedenen Religionszugehörigkeiten) nicht übereinstimmen.

8.12 Bemerkungen

1. Bedingung (12) zeigt, daß bei unabhängigen Merkmalen die zweidimensionale Häufigkeitsverteilung jederzeit aus den Randverteilungen rekonstruiert werden kann. Es genügt also, die Randverteilungen zu speichern und die Tatsache, daß die Merkmale unabhängig sind.

2. Resultat des oben bewiesenen Satzes ist auch, daß wir mit dieser Methode nicht unterscheiden können, was Ursache und was Wirkung ist. Man kann nur feststellen, ob eine Abhängigkeit vorliegt. In vielen Fällen ergibt sich aus anderen Informationen diese Einordnung (z.B. ist offensichtlich, daß die Geschwindigkeit den Bremsweg beeinflußt und nicht umgekehrt). Andererseits kann es natürlich auch eine gemeinsame Ursache geben, die nicht untersucht wurde, möglicherweise auch gar nicht untersucht werden konnte (vgl. das Beispiel in der Einführung).

3. Bei stetigen Merkmalen bzw. quantitativen Merkmalen, bei denen die Anzahl der Merkmalsausprägungen groß ist gegenüber der Zahl der Beobachtungen, ist zuvor sinnvollerweise eine Klassierung durchzuführen. Damit wird allerdings das Ergebnis von der Wahl der Klasseneinteilung abhängig.

8 Mehrdimensionale Merkmale

Übungsaufgaben

1. Bei den Daten aus Übungsaufgabe 5.3 berechne man für jede Altersklasse die bedingte relative Häufigkeitsverteilung für die Dauer der Arbeitslosigkeit. Sind die Merkmale abhängig?

2. Die folgende Tabelle gibt die Lieblingssportart von 25 Personen (unterteilt nach Geschlecht) in relativen Häufigkeiten wieder:

	Tennis	Fußball	Sonstige
weiblich	0.32	0.16	0.12
männlich	0.24	0.12	0.04

   Bestimmen Sie die bedingten relativen Häufigkeiten für das Merkmal Geschlecht. Sind die Merkmale unabhängig?

3. Bei einer Untersuchung von Familienstand und Geschlecht bei 50 Personen hat sich herausgestellt, daß die Merkmale unabhängig sind. Für die Randverteilungen gilt: h(weiblich)=30, h(männlich)=20, h(ledig)=5, h(verheiratet)=30, h(geschieden)=10, h(verwitwet)=5. Wie lautet die gemeinsame Häufigkeitsverteilung?

9 Kontingenzkoeffizient

Bei der Untersuchung des Zusammenhangs zweier nominalskalierter Merkmale ist es nicht möglich, formale Aussagen über die Art des Zusammenhangs zu machen. Betrachtet man beispielsweise die Häufigkeitsverteilung von Kraftfahrzeugen in der BRD gegliedert nach den Merkmalen Bundesland der Zulassung und LKW, PKW, Krad, so würde Unabhängigkeit der Merkmale bedeuten, daß für alle drei KFZ-Arten die prozentualen Anteile der Bundesländer am jeweiligen Gesamtbestand identisch sind.[1] Ist dies nicht der Fall, so kann man zunächst nur feststellen, daß eine Abhängigkeit besteht. Worin diese Abhängigkeit besteht, läßt sich direkt nicht feststellen. Man ist auf die Untersuchung weiterer Merkmale (z.B. Anteil ländlicher Gebiete, Industriestruktur, etc.) angewiesen. Ohne Kenntnis weiterer Merkmale ist die einzige Möglichkeit, die hier noch besteht, zu untersuchen, wie ausgeprägt die Abhängigkeit ist, etwa indem man feststellt, wie weit die Verteilung von der Unabhängigkeit abweicht. Insbesondere kann eine solche Abweichung durch Meßfehler oder falsche Antworten begründet sein, so daß man bei geringfügigen Unterschieden unter Umständen dieselben Konsequenzen wie bei Unabhängigkeit ziehen kann und dementsprechend dieselben Entscheidungen trifft. Die Beurteilung wird von Einzelfall zu Einzelfall unterschiedlich ausfallen.

Für unabhängige Merkmale ist die gemeinsame Häufigkeitsverteilung mit den Randhäufigkeiten festgelegt durch die Formel

$$p(a,b) = p(a) \cdot p(b). \tag{1}$$

Für die absoluten Häufigkeiten gilt also in diesem Fall

$$\begin{aligned} h(a,b) &= n \cdot p(a,b) = n \cdot p(a) \cdot p(b) \\ &= n \cdot \frac{h(a)}{n} \cdot \frac{h(b)}{n} = \frac{h(a) \cdot h(b)}{n}. \end{aligned} \tag{2}$$

Damit kann man in jedem Feld der Tabelle die tatsächliche absolute Häufigkeit mit dem theoretisch ermittelten Wert bei Unabhängigkeit vergleichen. Die Abweichung ist im Feld (a,b)

$$d(a,b) = h(a,b) - \frac{h(a) \cdot h(b)}{n}. \tag{3}$$

Damit erhält man ein Maß für die Abhängigkeit, wenn man die Differenzen $d(a,b)$ zu einer Zahl zusammenfaßt.

---

[1] Oder gleichwertig: Die Anteile der KFZ-Arten LKW, PKW und Krad stimmen in allen Bundesländern überein.

Dies geschieht üblicherweise folgendermaßen: Man bildet zunächst die Hilfsgröße **chi-Quadrat**

$$\chi^2 = \sum_{\substack{a \in M_1 \\ h(a) \neq 0}} \sum_{\substack{b \in M_2 \\ h(b) \neq 0}} \frac{\left(h(a,b) - \frac{h(a) \cdot h(b)}{n}\right)^2}{\frac{h(a) \cdot h(b)}{n}} \qquad (4)$$

d.h., man summiert die relativen quadratischen Abweichungen von den Werten bei Unabhängigkeit. Die Summation erfolgt dabei nur über solche Merkmalsausprägungen, die auch tatsächlich beobachtet wurden.

Offensichtlich gilt:

- $\chi^2 \geq 0$.
- $\chi^2 = 0$ genau dann, wenn die Merkmale unabhängig sind.

Übungsaufgabe 9.1:

Man zeige:
$$\chi^2 = n \cdot \sum \sum \frac{(p(a,b) - p(a) \cdot p(b))^2}{p(a) \cdot p(b)} \qquad (5)$$

Übungsaufgabe 9.2:

Verdoppeln sich alle absoluten Häufigkeiten einer zweidimensionalen Häufigkeitsverteilung, so verdoppelt sich χ^2.

Die Zahl χ^2 hat nicht die Eigenschaft, als Maximalwert den Wert 1 zu haben, vielmehr kann χ^2 auch Werte größer als 1 annehmen, wobei der Maximalwert mit n ansteigt. Die häufigste Methode, dies zu korrigieren, ist der **Kontingenzkoeffizient nach Pearson**[2]:

$$C = \sqrt{\frac{\chi^2}{n + \chi^2}} \qquad (6)$$

Für C gilt:
$$0 \leq C < 1, \qquad (7)$$

wobei $C = 0$ bei Unabhängigkeit und nur dann gilt. Der Maximalwert von C ist schwieriger zu berechnen. Naheliegend ist, daß eine „größtmögliche" Abhängigkeit vorliegt, wenn jede Merkmalsausprägung a von Merkmal 1 nur

---
[2] Karl Pearson, 1857-1936, brit. Statistiker.

in Kombination mit einer ganz bestimmten Merkmalsausprägung b von Merkmal 2 beobachtet wurde und umgekehrt. In diesem Fall ist zu vermuten, daß C maximal wird.

Übungsaufgabe 9.3:

Seien $a_1, \ldots, a_r$ bzw. $b_1, \ldots, b_s$ die bei der Untersuchung aufgetretenen Merkmalsausprägungen von Merkmal 1 bzw. Merkmal 2. Sei $k = \min\{r, s\}$.

a) Zu jedem $i = 1, \ldots, r$ gebe es höchstens ein j, so daß die Kombination (a_i, b_j) beobachtet wurde und umgekehrt. Keine Kombination wurde mehr als einmal beobachtet. Die Anzahl der Beobachtungen ist also k. Dann gilt:

$$C = \sqrt{\frac{k-1}{k}}.$$

b) Zu jedem i gibt es höchstens ein j mit $h(a_i, b_j) \neq 0$ und zu jedem j höchstens ein i mit $h(a_i, b_j) \neq 0$. (Im Gegensatz zu Aufgabe a) können die Kombinationen auch mehrfach beobachtet werden.). k unterschiedliche Kombinationen wurden demnach beobachtet.

Auch dann gilt:

$$C = \sqrt{\frac{k-1}{k}}.$$

Schwieriger ist es nachzuweisen, daß der in den Übungsaufgaben angegebene Wert nicht überschritten wird. Auf den Nachweis wird hier verzichtet.

Für den Kontingenzkoeffizienten nach Pearson gilt:

a)

$$0 \leq C = \sqrt{\frac{k-1}{k}}.$$

mit $k = \min\{r, s\}$, wobei r, s die Anzahlen der beobachteten Merkmalsausprägungen von Merkmal 1 bzw. 2 sind.

b) $C = 0$ genau dann, wenn die Merkmale unabhängig sind.

c) $\sqrt{\frac{k-1}{k}}$ ist Maximalwert von C.

Analog zum Gini-Koeffizienten kann durch einen Korrekturfaktor erreicht werden, daß der Maximalwert 1 wird. Man erhält so den **korrigierten Kontingenzkoeffizienten nach Pearson**:

$$C_{\text{corr}} = \sqrt{\frac{k}{k-1}} \cdot C, \qquad (8)$$

wobei $k = \min\{r, s\}$, r bzw. s Anzahl der beobachteten Merkmalsausprägungen von Merkmal 1 bzw. 2 ist. Es gilt:

$$0 \leq C_{\text{corr}} \leq 1. \qquad (9)$$

Die Interpretation dieses korrigierten Kontingenzkoeffizienten orientiert sich an den Extremwerten:

Da $C_{\text{corr}} = 0$ gleichbedeutend mit Unabhängigkeit der Merkmale ist, wird man kleine Werte von C_{corr} durch Schwankungen oder Störungen (z.B. Meßfehler, falsche Antworten, „übersehene" statistische Einheiten) bei tatsächlich vorhandener Unabhängigkeit erklären. Weicht C_{corr} „deutlich" von Null ab, so läßt dies auf eine Abhängigkeit zwischen den Merkmalen schließen, die umso ausgeprägter ist, je näher der Wert bei 1 liegt. Für Werte in der Nähe von 1 können wir in der Regel für jede Merkmalsausprägung von Merkmal 1 (und ebenso für Merkmal 2) eine Merkmalsausprägung von Merkmal 2 (bzw. entsprechend für Merkmal 1) angeben, die in Kombination mit dieser besonders häufig auftritt.

9.1 Beispiel

Bei einer Untersuchung von 100 statistischen Einheiten hat sich die folgende zweidimensionale relative Häufigkeitsverteilung ergeben (3x3-Tafel):

	b_1	b_2	b_3	$p(a_i)$
a_1	0.02	0.25	0.03	0.30
a_2	0.03	0.04	0.33	0.40
a_3	0.15	0.11	0.04	0.30
$p(b_i)$	0.20	0.40	0.40	1

Die Berechnung von χ^2 nach Übungsaufgabe 9.1 erfolgt übersichtlich mit dem Arbeitsschema für das Feld (a, b):

$p(a,b)$	$(p(a,b) - p(a)p(b))^2$
$p(a,b) - p(a)p(b)$	$p(a)p(b)$

Das Vorzeichen für die Differenz links unten können wir vernachlässigen, da die Zahl ohnehin quadriert wird.

Es ist klar, daß sich solche Berechnungen sehr einfach mit Tabellenkalkulationsprogrammen durchführen lassen. Einen Einstieg in solche Programme im Zusammenhang mit deskriptiver Statistik gibt Krotz,1991. Allerdings ist dort nur der univariate Fall, also ein Merkmal abgehandelt.

	b_1		b_2		b_3		$p(a_1)$
a_1	0.02	0.0016	0.25	0.0169	0.03	0.0081	0.3
	0.04	0.06	0.13	0.12	0.09	0.12	
a_2	0.03	0.0025	0.04	0.0144	0.33	0.0289	0.4
	0.05	0.08	0.12	0.16	0.17	0.16	
a_3	0.15	0.0081	0.11	0.0001	0.04	0.0064	0.3
	0.09	0.06	0.01	0.12	0.08	0.12	
	0.2		0.4		0.4		

$$\frac{1}{n} \cdot \chi^2 = 0.02\bar{6} + 0.1408 + 0.0675 + 0.03125 + 0.09 + 0.180625 + 0.135$$
$$+ 0.0008\bar{3} + 0.05\bar{3} = 0.726$$

und daraus mit $n = 100$:

$$\chi^2 = 72.6; \quad C = \sqrt{\frac{72.6}{172.6}} = 0.65; \quad C_{\text{corr}} = \sqrt{\frac{3}{2}} \cdot 0.65 = 0.79.$$

Man sieht, daß Merkmalsausprägung b_2 am häufigsten zusammen mit a_1, b_3 am häufigsten zusammen mit a_2 und b_1 am häufigsten zusammen mit a_3 auftritt (allerdings tritt auch b_2 recht häufig mit a_3 auf). Betrachtet man dazu die bedingten relativen Häufigkeiten, so wird dies besonders deutlich:

$$p(b_1|a_1) = 0.07; \quad p(b_2|a_1) = 0.83; \quad p(b_3|a_1) = 0.1;$$

$$p(b_1|a_2) = 0.075; \quad p(b_2|a_2) = 0.1; \quad p(b_3|a_2) = 0.825;$$

$$p(b_1|a_3) = 0.5; \quad p(b_2|a_3) = 0.37; \quad p(b_3|a_3) = 0.13.$$

Natürlich hätte man auch die bedingten relativen Häufigkeiten unter den Bedingungen b_1, b_2 und b_3 berechnen können (Übungsaufgabe). Handelt es sich bei der Untersuchung um die Ergebnisse von 100 wiederholbaren Experimenten, so erlaubt diese Analyse z.B. beim Auftreten von a_1 bei einer weiteren Wiederholung die Vermutung, daß „mit großer Wahrscheinlichkeit" auch b_2 auftreten wird, also eine Art Prognose für den Merkmalswert bei Merkmal 2.

Falls zwei quantitative Merkmale auf einer statistischen Masse auf ihren Zusammenhang zu untersuchen sind, so kann – evtl. nach einer Klassierung der Daten – wie bei qualitativen Merkmalen überprüft werden, ob die Merkmale unabhängig sind oder nicht. Von den Originaldaten kann man dabei allerdings nur dann ausgehen, wenn die Anzahl der aufgetretenen Merkmalsausprägungen klein ist gegenüber der Anzahl der Beobachtungen, also im allgemeinen nicht bei stetigen Merkmalen, da sonst die Merkmalsausprägungen nur einmal oder (eher selten) wenige Male auftreten und damit die bedingten Häufigkeitsverteilungen sehr speziell werden. Allerdings hängt damit auch das Ergebnis der Untersuchung von der Wahl der Klasseneinteilung ab, wodurch Willkür – und damit auch Manipulationsmöglichkeit – gegeben ist.

Übungsaufgaben

4. Ein Versicherungsunternehmen untersuchte die Schadenshäufigkeit ihrer Mitglieder. Dabei ergab sich, daß von 1000 zufällig ausgewählten 732 männlich waren. Von diesen hatten 503 keinen Schaden gemeldet, 155 einen, 48 zwei, 21 drei und der Rest mehr als drei. Die entsprechenden Zahlen bei den weiblichen Mitgliedern lauten: 231, 23, 8, 4.

   Sind die Merkmale abhängig? Man berechne eine geeignete Maßzahl für die Abhängigkeit.

5. Die folgende Tabelle gibt die Zuordnung der Betriebe zweier Städte X und Y zu Industriesparten wieder:

	Chemie	Metall	Sonstige
Stadt X	0.20	0.10	0.25
Stadt Y	0.15	0.125	0.175

   Bestimmen Sie die bedingten relativen Häufigkeiten für das Merkmal Industriesparte. Liegt Unabhängigkeit der beiden Merkmale vor? Berechnen Sie den korrigierten Kontingenzkoeffizienten (Benutzen Sie dafür - und nur dafür - die Zusatzinformation, daß es sich um insgesamt 40 Betriebe handelt.).

10 Lineare Regression

Hat die Untersuchung zweier Merkmale auf einer statistischen Masse ergeben, daß eine Abhängigkeit zwischen diesen Merkmalen besteht, so stellt sich unmittelbar die Frage, ob das Datenmaterial Aussagen über die Art und die Stärke der Abhängigkeit zuläßt.

Sind beide Merkmale quantitativ, so bestehen - wie erwähnt - die Beobachtungen aus Paaren reeller Zahlen. Einen intuitiven Eindruck über die Art der Abhängigkeit erhält man schon durch das Streuungsdiagramm (vgl. § 8). Gelegentlich hat die „Punktewolke" eine Ähnlichkeit mit einer geometrischen Figur (z.B. Kreis, Ellipse, Gerade,...) oder bzw. und dem Graph eines Funktionentyps (z.B. Gerade, Parabel, Polynom n-ten Grades, Exponentialfunktion, ..), wie etwa in Abbildungen 10.1:

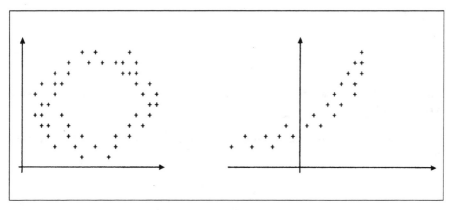

Abbildung 10.1   Streuungsdiagramme mit Ähnlichkeit zu einer geometrischen Figur bzw. einem Funktionsgraph.

Es drängt sich dann die Überlegung auf, daß die Daten sich dadurch ergeben, daß „ursprünglich" ein exakter funktionaler Zusammenhang zwischen den beiden Merkmalen vorliegt, der überlagert ist z.B. durch Meßfehler, individuelle Besonderheiten, Abhängigkeiten mit anderen, nicht erhobenen Merkmalen, die sich weniger stark auswirken, etc.; diese Überlagerungseffekte werden üblicherweise unter dem Begriff „Störung" oder „Störgröße" zusammengefaßt. Geht man von diesem Erklärungsansatz aus, so ergibt sich die Aufgabe, den zugrundeliegenden funktionalen Zusammenhang herauszufiltern. Eine Vorgehensweise dazu wird am Beispiel der linearen Funktion (Gerade) im folgenden erläutert.

Seien die Beobachtungspaare $(x_1, y_1), (x_2, y_2), ..., (x_n, y_n)$ und ferner die Ar-

beitshypothese gegeben, daß diesen ein linearer Zusammenhang („**Trend**")
überlagert durch Störungen zugrundeliegt. Ein linearer Zusammenhang läßt
sich ausdrücken durch eine Funktion vom Typ

$$y = mx + b, \qquad (1)$$

wobei bekanntlich die Parameter m und b den Anstieg und den y-Achsen-Abschnitt angeben. Aufgabe ist also, mit dem Datenmaterial die unbekannten Werte m und b - zumindest näherungsweise - zu bestimmen.

Angenommen, m und b wären bekannt, so ließe sich zu jedem x-Wert der „Trendwert" $\hat{y}_i$ ermitteln:

$$\hat{y}_i = mx_i + b. \qquad (2)$$

Daraus ergäbe sich dann auch die Störgröße

$$y_i - \hat{y}_i = y_i - mx_i - b. \qquad (3)$$

Das Prinzip der **linearen Regression** - auch **Methode der kleinsten Quadrate**[1] genannt - ist:

Bestimme m und b so, daß die Summe der quadrierten Störgrößen minimiert wird:

$$\min \sum_{i=1}^{n}(y_i - mx_i - b)^2. \qquad (4)$$

Die Lösung dieser Optimierungsaufgabe erhält man durch partielle Differentiation nach m und b (**Übungsaufgabe 10.1**), es gilt[2]:

$$\hat{m} = \frac{n\sum_{i=1}^{n} x_i y_i - \sum_{i=1}^{n} x_i \sum_{i=1}^{n} y_i}{n\sum_{i=1}^{n} x_i^2 - (\sum_{i=1}^{n} x_i)^2} = \frac{\frac{1}{n}\sum_{i=1}^{n} x_i y_i - \bar{x}\bar{y}}{\frac{1}{n}\sum_{i=1}^{n} x_i^2 - \bar{x}^2} \qquad (5)$$

---

[1] Die Methode der kleinsten Quadrate wird Gauß zugeschrieben. Die Bezeichnung Regression geht auf Galton zurück, s. auch Fußnote 4, § 6.
Sir Francis Galton, 1822-1911, brit. Statistiker.
[2] Falls der Nenner von 0 verschieden ist. Andernfalls stimmen sämtliche x_i-Werte überein (wieso?) und (4) hat keine Lösung.

10 Lineare Regression

$$\hat{b} = \frac{\sum_{i=1}^{n} x_i^2 \sum_{i=1}^{n} y_i - \sum_{i=1}^{n} x_i \sum_{i=1}^{n} x_i y_i}{n \sum_{i=1}^{n} x_i^2 - (\sum_{i=1}^{n} x_i)^2} = \bar{y} - \hat{m}\bar{x} \qquad (6)$$

10.1 Beispiel

Gegeben sei die folgende Liste von Beobachtungspaaren:

$(7;8), (7;7), (8;9), (10;11), (11;12), (14;15), (17;18), (17;16), (19;20), (18;19)$.

Dann ist:

x_i	7	7	8	10	11	14	17	17	19	18	128
x_i^2	49	49	64	100	121	196	289	289	361	324	1842
y_i	8	7	9	11	12	15	18	16	20	19	135
$x_i y_i$	56	49	72	110	132	210	306	272	380	342	1929

und damit

$$\hat{m} = \frac{10 \cdot 1926 - 128 \cdot 135}{10 \cdot 1842 - 128^2} = \frac{2010}{2036} = 0.987,$$

$$\hat{b} = \frac{1842 \cdot 135 - 128 \cdot 1929}{2036} = \frac{1758}{2036} = 0.863.$$

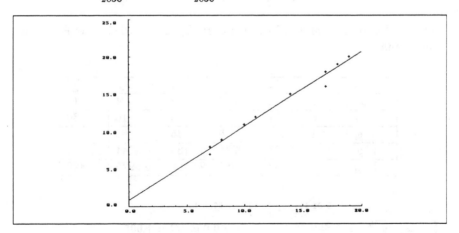

Abbildung 10.2 Streuungsdiagramm und Regressionsgerade zu Beispiel 10.1.

Die Methode der kleinsten Quadrate läßt sich auch bei anderen Funktionentypen anwenden. Dann ist es jedoch in der Regel nicht ohne weiteres möglich, allgemeine Formeln für die Parameter anzugeben. Aus diesem Grund wird dann zunächst, soweit möglich, eine Transformation der Daten vorgenommen, so daß die transformierten Daten zu einem linearen Zusammenhang führen. Für die transformierten Daten lassen sich die Parameter dann mit linearer Regression bestimmen. Anschließend wird die Transformation wieder rückgängig gemacht.

10.2 Beispiel

Gegeben sind die Beobachtungspaare

$$(0; 1.1), (1; 2.5), (2; 8), (3; 25), (4; 65).$$

Aufgrund des starken Ansteigens der y-Werte wird eine exponentielle Abhängigkeit vermutet:

$$y = Ce^{\alpha x} \qquad (7)$$

mit unbekanntem C und α. Durch Logarithmieren erhält man:

$$\ln y = \ln(Ce^{\alpha x}) = \ln C + \alpha x, \qquad (8)$$

also einen linearen Zusammenhang zwischen $\ln y$ und x. Die lineare Regression liefert dann:

i	1	2	3	4	5	$\sum$
x_i	0	1	2	3	4	10
x_i^2	0	1	4	9	16	30
y_i	1.1	2.5	8	25	65	
$\ln y_i$	.0953	.9163	2.0794	3.2189	4.1744	10.484
$x_i \ln y_i$	0	.9163	4.1589	9.6566	16.6975	31.429

$\hat{m} = \hat{\alpha} = \frac{5 \cdot 31.429 - 10 \cdot 10.484}{5 \cdot 30 - 100} = \frac{52.304}{50} = 1.05,$

$\hat{b} = \widehat{\ln C} = \frac{30 \cdot 10.484 - 10 \cdot 31.429}{50} = 0.005, \hat{C} = 1.005.$

Daraus ergeben sich die $\hat{y}_i$-Werte:

i	1	2	3	4	5
$\hat{y}_i$	1.005	2.872	8.207	23.453	67.020

Weitergehende Methoden der Regressionsanalyse sind in Lehrbüchern der Prognoserechnung und der Ökonometrie zu finden, die in großer Zahl vorliegen (z.B. Bamberg/Schittko,1979).

Übungsaufgaben

2. Bei einem zweidimensionalen Merkmal sind folgende Beobachtungspaare festgestellt worden:

$$(5,8), (8,1), (6,1), (10,4), (12,5), (7,7), (11,2), (9,3).$$

Man führe eine lineare Regression durch.

3. Bei einem zweidimensionalen Merkmal sind folgende Beobachtungspaare festgestellt worden:

$$(5,5), (10,1), (2,8), (7,3), (8,2), (6,4), (3,6), (1,9), (11,0), (10,0).$$

Man führe eine lineare Regression durch.

4. Wie reagieren die Regressionskoeffizienten $\hat{m}$ und $\hat{b}$ auf eine Koordinatentransformation des ersten Merkmals vom Typ

$$\tilde{x} = \lambda x + \beta ?$$

11 Korrelationsrechnung

Da es bei quantitativen Merkmalen nicht immer sinnvoll ist, mittels linearer Regression einen Zusammenhang zwischen beiden Merkmalen zu berechnen, erscheint es nützlich, eine Methode zu entwickeln, mit deren Hilfe man Hinweise erhalten kann, ob die Anwendung der linearen Regression berechtigt ist.

Dazu vergleichen wir die Varianz der „Trendwerte" (vgl. § 10)

$$\hat{y}_i = \hat{m} x_i + \hat{b}$$

mit der Varianz der y-Werte.

Für die Varianz der Trendwerte gilt

$$s_{\hat{y}}^2 = \hat{m}^2 s_x^2 \qquad (1)$$

nach der Transformationsregel für die Varianz (§ 6).

Das Verhältnis aus der Varianz der $\hat{y}$-Werte und der Varianz der y-Werte ist

$$\begin{aligned}
\frac{\hat{m}^2 s_x^2}{s_y^2} &= \frac{s_x^2}{s_y^2} \cdot \left[\frac{n \cdot \sum x_i y_i - \sum x_i \sum y_i}{n \cdot \sum x_i^2 - (\sum x_i)^2}\right]^2 \\
&= \frac{s_x^2}{s_y^2} \cdot \left[\frac{\sum x_i y_i - \frac{1}{n} \cdot \sum x_i \sum y_i}{\sum x_i^2 - \frac{1}{n}(\sum x_i^2)}\right]^2 \\
&= \frac{s_x^2}{s_y^2} \cdot \left[\frac{\sum x_i y_i - \frac{\sum x_i}{n} \sum y_i - \frac{\sum y_i}{n} \sum x_i + \frac{\sum x_i \cdot \sum y_i}{n}}{\sum x_i^2 - 2 \cdot \frac{\sum x_i}{n} \sum x_i + \frac{(\sum x_i)^2}{n}}\right]^2 \\
&= \frac{s_x^2}{s_y^2} \cdot \left[\frac{\sum x_i y_i - \bar{x} \cdot \sum y_i - \bar{y} \cdot \sum x_i + n \cdot \bar{x} \cdot \bar{y}}{\sum x_i^2 - 2 \cdot \bar{x} \sum x_i + n \cdot \bar{x}^2}\right]^2 \\
&= \frac{s_x^2}{s_y^2} \cdot \left[\frac{\frac{1}{n} \sum (x_i - \bar{x})(y_i - \bar{y})}{\frac{1}{n} \sum (x_i - \bar{x})^2}\right]^2 \\
&= \frac{1}{s_x^2 s_y^2} \cdot \left[\frac{1}{n} \sum (x_i - \bar{x})(y_i - \bar{y})\right]^2. \qquad (2)
\end{aligned}$$

Dieses Verhältnis (2) wird **Bestimmtheitsmaß** genannt. Es beschreibt den Anteil an der Varianz der y-Werte, der sich bei linearer Regression aus der Varianz der x-Werte begründen läßt, also um den Teil der Varianz, den man auch erhalten würde, wenn der lineare Zusammenhang exakt eingehalten würde, die Störgrößen also alle gleich 0 wären.

11 Korrelationsrechnung

Den Klammerausdruck nennt man die **Kovarianz** der beiden Merkmale

$$Cov(x,y) = \frac{1}{n} \cdot \sum_{i=1}^{n}(x_i - \bar{x})(y_i - \bar{y}). \qquad (3)$$

Analog zur Varianz läßt sich dieser Ausdruck umformen:

$$\begin{aligned} Cov(x,y) &= \frac{1}{n} \cdot \sum_{i=1}^{n}(x_i y_i - \bar{x} y_i - x_i \bar{y} + \bar{x}\bar{y}) \\ &= \frac{1}{n} \cdot \sum_{i=1}^{n} x_i y_i - \frac{1}{n}\bar{x}(\sum_{i=1}^{n} y_i) - (\frac{1}{n} \cdot \sum_{i=1}^{n} x_i)\bar{y} + \bar{x}\bar{y} \\ &= \frac{1}{n} \cdot \sum_{i=1}^{n} x_i y_i - \bar{x}\bar{y} - \bar{x}\bar{y} + \bar{x}\bar{y} \\ &= \frac{1}{n} \cdot \sum_{i=1}^{n} x_i y_i - \bar{x}\bar{y}. \qquad (4) \end{aligned}$$

Die Kovarianz hat neben der Beziehung zum Bestimmtheitsmaß noch eine weitere Bedeutung. Betrachten wir zwei Merkmale auf einer statistischen Masse gleicher Dimension, z.B. Leergewicht und maximales Zuladungsgewicht bei PKWs. Die Summe dieser beiden bildet dann das zulässige Gesamtgewicht.

11.1 Beispiel

$i =$	1	2	3	4	5	6	7
Leergewicht x_i	873	967	932	1345	1138	996	1782
Zuladungsgewicht y_i	481	518	495	647	584	489	691
zul. Gesamtgewicht $z_i = x_i + y_i$	1354	1485	1427	1992	1722	1485	2473

$i =$	8	9	10	$\sum$
Leergewicht x_i	2020	1420	1382	12855
Zuladungsgewicht y_i	360	648	585	5498
zul. Gesamtgewicht $z_i = x_i + y_i$	2380	2068	1967	18353

Welche Werte für arithmetisches Mittel und Varianz erhalten wir für das zulässige Gesamtgewicht in Abhängigkeit der Einzelwerte?

$i =$	1	2	3	4	5	6
x_i	873	967	932	1345	1138	996
y_i	481	518	495	647	584	489
x_i^2	762129	935089	868624	1809025	1295044	992016
y_i^2	231361	268324	245025	418609	341056	239121
$x_i + y_i$	1354	1485	1427	1992	1722	1485
$(x_i + y_i)^2$	1833316	2205225	2036329	3968064	2965284	2205225

$i =$	7	8	9	10	$\sum$
x_i	1782	2020	1420	1382	12855
y_i	691	360	648	585	5498
x_i^2	3175524	4080400	2016400	1909924	17844175
y_i^2	477481	129600	419904	342225	3112706
$x_i + y_i$	2473	2380	2068	1967	18353
$(x_i + y_i)^2$	6115729	5664400	4276624	3869089	35139285

Aus der Tabelle ermitteln wir:

$s_x^2 = 131907.25$; $s_y^2 = 8990.56$; Cov(x,y)=2352.3 und $s_{x+y}^2 = 145602.41$,

also $s_{x+y}^2 = s_x^2 + s_y^2 + 2Cov(x,y)$.

Dies gilt allgemein:

$$\overline{(x+y)} = \frac{1}{n}\sum_{i=1}^n (x_i + y_i) = \frac{1}{n}\sum_{i=1}^n x_i + \frac{1}{n}\sum_{i=1}^n y_i = \bar{x} + \bar{y}, \tag{5}$$

$$s_{x+y}^2 = \frac{1}{n}\sum_{i=1}^n (x_i + y_i - (\bar{x} + \bar{y}))^2$$

$$= \frac{1}{n}\sum_{i=1}^n (x_i - \bar{x} + y_i - \bar{y})^2$$

$$= \frac{1}{n}\sum_{i=1}^n (x_i - \bar{x})^2 + \frac{1}{n}\sum_{i=1}^n (y_i - \bar{y})^2 + 2\frac{1}{n}\sum_{i=1}^n (x_i - \bar{x})(y_i - \bar{y})$$

$$= s_x^2 + s_y^2 + 2Cov(x,y). \tag{6}$$

Bei der Varianz der Summe geht also wesentlich die Beziehung zwischen den Merkmalen ein, wie sie sich aus der Kovarianz ergibt.

Geht man von den absoluten bzw. relativen Häufigkeiten

$$h(a,b) \text{ bzw. } p(a,b) \text{ für } a \in M_1, b \in M_2$$

11 Korrelationsrechnung

anstelle der statistischen Reihe aus, so erhält man

$$Cov(x,y) = \frac{1}{n} \sum_{a \in M_1} \sum_{b \in M_2} (a - \bar{x})(b - \bar{y}) h(a,b) \qquad (7)$$

$$= \sum_{a \in M_1} \sum_{b \in M_2} (a - \bar{x})(b - \bar{y}) p(a,b).$$

Entsprechend gilt:

$$Cov(x,y) = \frac{1}{n} \sum_{a \in M_1} \sum_{b \in M_2} a \cdot b \cdot h(a,b) - \bar{x}\bar{y} \qquad (8)$$

$$= \sum_{a \in M_1} \sum_{b \in M_2} a \cdot b \cdot p(a,b) - \bar{x}\bar{y}.$$

Die Formel (7) bzw. (8) dürfte nur selten zur Anwendung kommen, da eine lineare Regression in der Regel nur bei stetigen Merkmalen durchgeführt wird. Bei diesen ist aber eine Häufigkeitstabelle nur bei sehr großen Datenmengen sinnvoll, die wiederum i.a. mit EDV-Anlagen ausgewertet werden, wobei dann die Berechnung auch direkt aus der Urliste erfolgen kann. Eine lineare Regression mit klassierten Daten durchzuführen, erscheint höchstens sinnvoll, um Anhaltspunkte zu erhalten. Deswegen wird auf eine Angabe der entsprechenden Formeln verzichtet.

Sind die beiden Merkmale unabhängig, so gilt nach Definition:

$$p(a,b) = p(a) \cdot p(b) \quad \text{für } a \in M_1, b \in M_2. \qquad (9)$$

Damit ergibt sich in diesem Fall

$$Cov(x,y) = \sum_{a \in M_1} \sum_{b \in M_2} (a - \bar{x})(b - \bar{y}) p(a,b) \qquad (10)$$

$$= \sum_{b \in M_2} \Big[\sum_{a \in M_1} (a - \bar{x}) p(a) \Big] (b - \bar{y}) p(b).$$

Für den Klammerausdruck gilt:

$$\sum_{a \in M_1} (a - \bar{x}) p(a) = \sum_{a \in M_1} a \cdot p(a) - \sum_{a \in M_1} \bar{x} p(a) \qquad (11)$$

$$= \bar{x} - \bar{x} \sum_{a \in M_1} p(a) = \bar{x} - \bar{x} = 0.$$

Damit gilt für *unabhängige Merkmale*

$$Cov(x,y) = 0. \qquad (12)$$

11.2 Beispiel

Bei der Messung von Körpergröße und -gewicht von 10 Personen ergab sich folgende Urliste:

(186,85), (155,70), (165,70), (186,75), (160,75),
(155,50), (165,60), (175,60), (175,70), (160,65).

Die Kovarianz kann mit Hilfe von folgendem Arbeitsschema berechnet werden:

x_i	186	155	165	186	160
y_i	85	70	70	75	75
$x_i y_i$	15810	10850	11550	13950	12000

155	165	175	175	160	1682
50	60	60	70	65	680
7750	9900	10500	12250	10400	114960

Damit erhält man:

$$Cov(x,y) = 0.1 \cdot 114960 - 0.01 \cdot 1682 \cdot 680 = 58.4.$$

Entsprechend den Überlegungen zu Beginn dividiert man die Kovarianz durch das Produkt der beiden Standardabweichungen:

$$r = \frac{Cov(x,y)}{s_x s_y} \quad \text{heißt (\textbf{Bravais}[1]\textbf{-Pearson-})Korrelationskoeffizient.} \tag{13}$$

Für das Bestimmtheitsmaß gilt damit

$$\frac{m^2 s_x^2}{s_y^2} = r^2. \tag{14}$$

Der Korrelationskoeffizient ist also ein Maß für den linearen Zusammenhang zweier Merkmale.

11.3 Beispiel

Für die Berechnung des Korrelationskoeffizienten zu Beispiel (2) ist noch die Standardabweichung der Merkmale zu bestimmen. Man erhält $s_x = 11.09$

---
[1] Auguste Bravais, 1811-1863, frz. Physiker.

und $s_y = 9.27$. Damit ist

$$r = \frac{58.4}{11.09 \cdot 9.27} = 0.568.$$

Für den Korrelationskoeffizienten gilt

$$r = \frac{\hat{m} \cdot s_x}{s_y}, \qquad (15)$$

wobei $\hat{m}$ der Anstieg der Regressionsgeraden ist. Ist also $r < 0$, so ist der Anstieg der Regressionsgeraden negativ, bei $r > 0$ ist er positiv.

Damit erhält man folgende Beziehungen:

a) Liegen alle Beobachtungswerte auf einer *steigenden Geraden*, dann ist $r > 0$ und $r^2 = 1$, also $r = 1$.

b) Liegen alle Beobachtungswerte auf einer *fallenden Geraden*, dann ist $r < 0$ und $r^2 = 1$, also $r = -1$.

Es gilt für r:
$$-1 \leq r \leq 1. \qquad (16)$$

11.4 Bezeichnungen

Gilt

$r > 0$, so heißen die Merkmale **positiv korreliert**,
$r = 0$, so heißen die Merkmale **unkorreliert**,
$r < 0$, so heißen die Merkmale **negativ korreliert**.

Sind zwei Merkmale unabhängig, so sind sie also auch unkorreliert, aber die Umkehrung gilt nicht. Unkorrelierte Merkmale können abhängig sein.

Bei nichtlinearem Zusammenhang kann man analog vorgehen:

Liegt ein Zusammenhang der Art

$$y = f(x) \qquad (17)$$

– wie etwa in Beispiel 10.2 in der Form $y = Ce^{\alpha x}$ – vor, so bildet man

$$\frac{s^2_{f(x)}}{s^2_y} \qquad (18)$$

als Bestimmtheitsmaß und erhält analog auch einen Korrelationskoeffizienten.

Bei Rangmerkmalen hat die Differenz zweier Merkmalswerte keine Aussagekraft. Damit ist auch der Korrelationskoeffizient, wenn er gebildet werden kann (etwa aus skalierten Werten), ohne direkte Bedeutung.

Die natürliche Reihenfolge läßt sich dennoch ausnutzen. Dazu ordnet man die Merkmalswerte der statistischen Reihe in ihrer natürlichen Reihenfolge und ersetzt den Merkmalswert durch die entsprechende „Rangziffer"

11.5 Beispiel

Seien als Prüfungsergebnisse von 6 Kandidaten befriedigend, ungenügend, sehr gut, gut, ausreichend, sehr gut bis gut erzielt worden, so erhält man die geordnete Reihe

> sehr gut, sehr gut bis gut, gut, befriedigend, ausreichend, ungenügend

und die Rangziffern[2]

> 1 für sehr gut
> 2 für sehr gut bis gut
> 3 für gut
> 4 für befriedigend
> 5 für ausreichend
> 6 für ungenügend

Die Merkmalspaare gehen damit bei einem zweidimensionalen Merkmal (gebildet aus Rangmerkmalen) in Rangzifferpaare über. Aus den Rangzifferpaaren kann dann der Korrelationskoeffizient bestimmt und damit festgestellt werden, ob eine Beziehung zwischen den Rangfolgen der statistischen Einheiten bzgl. der beiden Merkmale besteht.

---

[2] nicht zu verwechseln mit der Skalierung der Notengebung: 1 = sehr gut, 2 = gut, usw.

11.6 Beispiel

Die sechs oben angeführten Kandidaten haben (in derselben Reihenfolge wie in der geordneten Urliste) in einem weiteren Fach die Bewertungen

gut, gut, sehr gut bis gut, befriedigend, befriedigend, ausreichend

erhalten. Damit erhalten sie hier die Rangziffern[3]

2.5, 2.5, 1, 4.5, 4.5, 6.

Rangzifferpaare sind also

(1, 2.5) (2, 2.5) (3, 1) (4, 4.5) (5, 4.5) (6, 6).

Seien
$$(x_1, y_1), \ldots, (x_n, y_n)$$
die Merkmalspaare und
$$(r_1, s_1), \ldots, (r_n, s_n)$$
die zugehörigen Rangzifferpaare, so erhält man als Korrelationskoeffizienten

$$r = \frac{\frac{1}{n}\sum_{i=1}^{n}(r_i - \bar{r})(s_i - \bar{s})}{\sqrt{\frac{1}{n}\sum_{i=1}^{n}(r_i - \bar{r})^2 \cdot \frac{1}{n}\sum_{i=1}^{n}(s_i - \bar{s})^2}}. \tag{19}$$

Falls kein Merkmalswert doppelt auftritt und damit die Rangziffern jeweils die Werte $1, \ldots, n$ – natürlich bei den beiden Merkmalen in der Regel in unterschiedlicher Reihenfolge – durchlaufen, läßt sich (19) umformen zu[4]

$$r_S = 1 - \frac{6 \cdot \sum_{i=1}^{n}(r_i - s_i)^2}{n(n^2 - 1)}. \tag{20}$$

Diese Zahl heißt **Spearmanscher**[5] **Rangkorrelationskoeffizient**[6]

---

[3] Sind zwei oder mehr Merkmalswerte gleich, so ordnet man ihnen das arithmetische Mittel der zur Verfügung stehenden Rangziffern zu.
  Beispiel: Liegen $x_3 = x_7$ auf den Plätzen 3 und 4, so ist $r_3 = r_7 = 3.5$.
[4] Bis auf Extremfälle, in denen bei einem oder beiden Merkmalen sehr viele Beobachtungen übereinstimmen, liefern (19) und (20) nahezu dieselben Werte.
[5] Charles Edward Spearman, 1863-1945, brit. Psychologe.
[6] Für eine Darstellung der ebenfalls oft benutzten Korrelationskoeffizienten von Kendall siehe z.B. Bosch, 1992, S.62ff.

(Im Beispiel oben erhält man also: $1 - \frac{6 \cdot 7}{6 \cdot 35} = 0.8$)

Analog zum Korrelationskoeffizienten gilt:

Rangfolgen bei beiden Merkmalen	r_S
gegenläufig	-1
unabhängig	0
identisch	$+1$

Entsprechend wird man Zwischenwerte interpretieren:

$r_S \approx -1$ gegenläufiger Trend in den Merkmalen,
$r_S \approx 0$ kein Trend erkennbar,
$r_S \approx 1$ gleichlaufender Trend.

Natürlich können auch bei quantitativen Merkmalen Rangziffern gebildet und damit r_S berechnet werden. Dies ist dann sinnvoll, wenn zwar ein Trend zwischen den Werten, aber kein funktionaler Zusammenhang vermutet wird und daher insbesondere eine lineare Regression nicht angebracht ist.

11.7 Beispiel

8 Studenten der Statistik-Vorlesung wurden befragt, wieviele Stunden sie für die Nacharbeitung der Vorlesung im Durchschnitt wöchentlich aufgewandt haben und welche Punktzahlen sie in der Klausur erreichten:

	Student							
	1	2	3	4	5	6	7	8
Stunden	0	1.5	3	3	4	4.5	5	2
Punkte	25	15	30	35	50	45	55	30

Daraus ergeben sich die Rangzifferpaare:

$(1,2), (2,1), (3,3.5), (4.5,3.5), (4.5,5), (6,7), (7,6), (8,8)$

und damit

$$r_S = 1 - \frac{6}{8 \cdot 63}(1^2 + 1^2 + 0.5^2 + 1^2 + 0.5^2 + 1^2 + 1^2 + 0^2) \quad (21)$$
$$= 1 - \frac{6}{8 \cdot 63} \cdot 5.5 = 0.935.$$

Neben den genannten Korrelationskoeffizienten gibt es noch weitere, insbesondere den partiellen Korrelationskoeffizienten. Für eine Zusammenstellung s. Böcker, 1978.

Übungsaufgaben

1. Zu den Aufgaben 10.1 und 10.2 berechne man den Korrelationskoeffizienten.

2. In einer Fußballiga starten 11 Vereine, die ihren Spielern unterschiedlich hohe Prämien für die Erringung der Meisterschaft in Aussicht stellen. Die folgende Übersicht zeigt Endstand und Höhe der Prämie in 1000 DM. Berechnen Sie ein sinnvolles Zusammenhangsmaß.

Verein	K	A	E	R	P	U	Z	G	B	H	Q
Prämie	10	25	15	50	30	15	25	20	25	40	45
Platz	1	6	8	3	4	5	11	10	9	7	2

3. Zu Beispiel 11.7 berechne man außerdem den Bravais-Pearson- Korrelationskoeffizienten.

12 Einführung in die Zeitreihenanalyse

Statistische Untersuchungen ökonomischer Größen werden in regelmäßigen Zeitabständen durchgeführt. Damit wird die Absicht verfolgt, über wirtschaftliche Entwicklungen frühzeitig einen Überblick zu erhalten, um dadurch möglicherweise rechtzeitig Maßnahmen ergreifen zu können, die vermutete Fehlentwicklungen verhindern. Außerdem kann man anhand der Entwicklung der einzelnen Größen unter Umständen erkennen, welche Auswirkungen politische und insbesondere wirtschaftspolitische Entscheidungen haben. Die Anzahl der beobachteten Größen ist umfangreich. Veröffentlicht werden sie u.a.[1]

a) in den Monatsberichten der Deutschen Bundesbank,

b) im statistischen Jahrbuch des Statistischen Bundesamtes und der statistischen Landesämter,

c) im Jahresbericht des Sachverständigenrates,

d) in der Zeitschrift „Wirtschaft und Statistik".

Einige der wichtigsten Größen sind

- Bruttosozialprodukt (Konsum + Investitionen + staatlicher Verbrauch + Außenbeitrag)
- Zahl der Erwerbstätigen
- Arbeitslosenzahl
- Preisindices
- Lohnindices

Man erhält damit für jede beobachtete ökonomische Größe eine Folge von Zahlen, eine sogenannte Zeitreihe:

$$x_1, \ldots, x_n, \qquad (1)$$

wobei x_t für $t = 1, \ldots, n$ der beobachtete Wert eines Merkmals für den Zeitpunkt oder die Zeitperiode t ist.

---

[1] Eine Übersicht über die Aufgaben der amtlichen Statistik findet man in dem Sammelband „Das Arbeitsgebiet der Bundesstatistik", herausgegeben vom Statistischen Bundesamt, 1976.

12 Einführung in die Zeitreihenanalyse

12.1 Beispiel

	Jan	Feb	März	Apr	Mai	Juni	Juli	Aug	Sept	Okt	Nov	Dez
77	1249	1214	1084	1039	946	931	973	963	911	954	1004	1091
78	1213	1224	1099	1000	913	877	922	924	864	902	927	1006
79	1171	1134	958	875	775	763	804	799	737	762	799	867
80	1037	993	876	825	767	781	853	865	823	888	968	1118
81	1309	1300	1210	1146	1110	1126	1246	1289	1256	1366	1490	1704
82	1950	1935	1811	1710	1646	1650	1757	1797	1820	1920	2038	2223
83	2487	2536	2386	2254	2149	2127	2202	2196	2134	2148	2193	2349
84	2539	2537	2393	2253	2133	2202	2113	2202	2143	2145	2189	2325
85	2619	2611	2474	2305	2193	2160	2221	2217	2152	2149	2211	2347
86	2590	2593	2448	2230	2122	2078	2132	2120	2046	2026	2068	2218
87	2497	2488	2412	2216	2099	2097	2176	2165	2107	2093	2133	2308
88	2519	2517	2440	2262	2149	2131	2199	2167	2100	2074	2091	2190
89	2335	2305	2178	2035	1947	1915	1973	1940	1881	1874	1950	2052

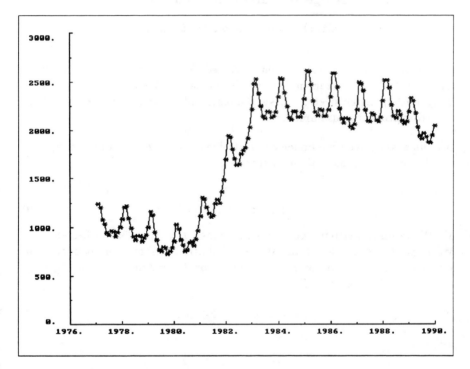

Abbildung 12.1 Graphische Darstellung der Zeitreihe der Arbeitslosenzahlen.

Bei den Daten des Beispiels handelt es sich um Monatsdaten (eine Zahlenangabe für die einzelnen Monate jeden Jahres) häufig werden aber auch Quartalsdaten oder Jahresdaten erfaßt.

Die Graphik 12.1 läßt gewisse Gesetzmäßigkeiten deutlich erkennen: Als erstes fallen die kurzfristigen Schwankungen auf, die eine jahreszeitliche Abhängigkeit aufzeigen. Im Winter ist die Arbeitslosigkeit höher als im übrigen Jahr, im Juli und August liegt ein zweiter Gipfel. Man spricht hier von saisonalen Schwankungen. Ferner zeigt sich nach der leicht abnehmenden Tendenz bis 1980 ein starker Anstieg bis 1983, der durch die weltweite Rezession dieser Jahre begründet werden kann (2. Ölpreisschock). Neben diesen kurz- und mittelfristigen Phänomenen wird man bei vielen Zeitreihen noch einen langfristigen Trend ausmachen können (z.B. beim Energieverbrauch, der Anzahl der KFZ, usw.). Man erhält also zunächst drei Komponenten:

- **Eine langfristige Trendkomponente**
- **Eine mittelfristige konjunkturelle Komponente**
- **Eine jahreszeitliche oder saisonale Komponente**

Dazu kommen noch Einwirkungen verschiedenster Art wie z.B. bei der Zeitreihe der Arbeitslosenzahlen die Auswirkungen von Wetter (insbesondere im Baugewerbe), Streiks, etc. Diese Einflüsse faßt man in einer **Rest- oder Störkomponente** zusammen.

Bei rein deskriptiven Methoden der Zeitreihenanalyse versucht man nun, diese vier Kompononten analytisch zu trennen.

Seien also
$$x_t, \quad t = 1, \ldots, n \qquad (2)$$
die Werte einer Zeitreihe zu den Zeitpunkten $t = 1, \ldots, n$, so besteht eine Möglichkeit darin, daß sich die Werte x_t additiv aus ihren Komponenten zusammensetzen. Man macht also ausgehend von dieser Annahme den folgenden Ansatz (**additives Modell**):
$$x_t = T_t + Z_t + S_t + U_t, \qquad (3)$$
wobei

T_t der Wert der Trendkomponente,
Z_t der Wert der zyklischen oder konjunkturellen Komponente,
S_t der Wert der Saisonkomponente,
U_t der Wert der Störkomponente

jeweils zum Zeitpunkt t ist.

Dieser Ansatz läßt sich folgendermaßen veranschaulichen:

12 Einführung in die Zeitreihenanalyse

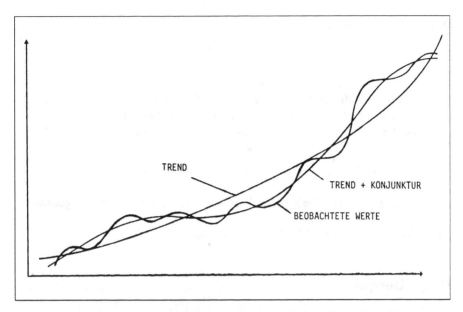

Abbildung 12.2   Additive Zusammensetzung einer Zeitreihe
(s. Henn/Kischka, S.30).

Wesentliche Aufgabe ist es nun, diese Komponenten, die ja nicht bekannt sind, zu ermitteln.

Zunächst ist bei den Daten häufig klar, welches qualitative Verhalten die saisonale Komponente hat, also insbesondere die Periodenlänge, die angibt, in welchen Zeiträumen sie sich wiederholt. Bei Monatsdaten dürfte in vielen Fällen die Periodenlänge 12 sein, d.h. alle 12 Monate macht sich die saisonale Komponente in gleicher Art bemerkbar. Bei Tagesdaten eines Jahres wird häufig eine Periodenlänge von 7 Tagen aufgrund der unterschiedlichen Wochentage vorhanden sein. Gelegentlich können sich auch mehrere saisonale Einflüsse überlagern. Beispielsweise kann dies zutreffen, wenn man Tagesdaten über mehrere Jahre betrachtet, wobei zunächst eine Schwankung mit der Periodenlänge von sieben Tagen, daneben aber noch eine jahreszeitliche Schwankung mit einer Periodenlänge von 365 Tagen auftreten kann.

Damit bietet es sich an, die Saisonkomponente auszuschalten, indem man jeweils Durchschnitte über den Zeitraum der Periodenlänge bildet. Dies geschieht mit Hilfe der Methode der **gleitenden Durchschnitte**. Dabei werden unter gewissen Voraussetzungen die in der Regel kurzfristigen Störungen ebenfalls – zumindest näherungsweise – eliminiert, so daß man die sogenannte

glatte Komponente
$$G_t = T_t + Z_t \tag{4}$$
erhält.

Gleitender Durchschnitt ungerader Ordnung $2k+1$ ist das arithmetische Mittel gebildet aus x_t, den k vorausgehenden Werten $x_{t-k}, x_{t-k+1}, \ldots, x_{t-1}$ und den k nachfolgenden Werten $x_{t+1}, x_{t+2}, \ldots, x_{t+k}$:

$$x_t^* = \frac{1}{2k+1}(x_{t-k} + x_{t-k+1} + \ldots + x_t + \ldots + x_{t+k}). \tag{5}$$

Das arithmetische Mittel wird also dem Zeitpunkt „in der Mitte" zugeordnet. Die Werte x_t^* lassen sich bilden für $t = k+1, \ldots, n-k$.

12.2 Beispiel

Betrachtet wird eine Zeitreihe aus Monatsdaten, wobei man von saisonalen Schwankungen im Quartalsrhythmus (Periodenlänge also 3 Monate; $k=1$) ausgeht:

J	F	M	A	M	J	J	A	S	O	N	D
10	9	12	11	10	14	12	12	15	14	12	15

Als gleitende Durchschnitte der Ordnung 3 erhält man:

F	M	A	M	J	J	A	S	O	N
10.33	10.66	11.00	11.66	12.00	12.66	13.00	13.66	13.66	13.66

Für die Monate Januar und Dezember können keine Durchschnitte berechnet werden, da die notwendigen Daten zur Berechnung nicht vollständig vorhanden sind.

Bei gleitenden Durchschnitten gerader Ordnung $2k$ ergibt sich die Schwierigkeit, welchem Zeitpunkt das arithmetische Mittel zugeordnet werden soll. Berechnet man beispielsweise das arithmetische Mittel aus

$$x_2, x_3, x_4, x_5$$

also

$$\frac{1}{4}(x_2 + x_3 + x_4 + x_5),$$

12 Einführung in die Zeitreihenanalyse

so ist 3.5 der mittlere Zeitpunkt. Damit wären die Zeitreihen zeitlich versetzt. Man geht daher so vor, daß man in diesem Beispiel das arithmetische Mittel

$$\frac{1}{4}(x_3 + x_4 + x_5 + x_6)$$

noch heranzieht und dann aus diesen beiden Werten $x^*_{3,5}$ und $x^*_{4,5}$ den gleitenden Durchschnitt

$$\begin{aligned}
x^*_4 &= \frac{1}{2}x^*_{3,5} + \frac{1}{2}x^*_{4,5} \\
&= \frac{1}{2}\cdot\frac{1}{4}(x_2 + x_3 + x_4 + x_5) + \frac{1}{2}\cdot\frac{1}{4}(x_3 + x_4 + x_5 + x_6) \\
&= \frac{1}{4}(\frac{1}{2}x_2 + x_3 + x_4 + x_5 + \frac{1}{2}x_6)
\end{aligned}$$

berechnet.

Allgemein erhält man so die Formel für den **gleitenden Durchschnitt der Ordnung 2k**:

$$x^*_t = \frac{1}{2k}(\frac{1}{2}x_{t-k} + x_{t-k+1} + \ldots + x_{t-1} + x_t + x_{t+1} + \ldots + x_{t+k-1} + \frac{1}{2}x_{t+k}), \quad (6)$$

also insbesondere für die gleitenden Monatsdurchschnitte

$$x^*_t = \frac{1}{12}(\frac{1}{2}x_{t-6} + x_{t-5} + \ldots + x_{t-1} + x_t + x_{t+1} + \ldots + x_{t+5} + \frac{1}{2}x_{t+6}). \quad (7)$$

Auch hier lassen sich die Werte x^*_t nur für $t = k+1, \ldots, n-k$ bilden. Da aber gerade die aktuellen Werte $x^*_{n-k+1}, \ldots, x^*_n$ von besonderem Interesse sind, wurden Hilfskonstruktionen zur Berechnung dieser Werte entwickelt (vgl. z.B. Hartung, 1982, S.641, Heiler/Rinne, 1971, S.117).

12.3 Beispiel

Der vierteljährliche Umsatz eines Getränkehändlers aus den Jahren 1984-1987 ergibt die folgende Zeitreihe (in 10000 DM):

	Quartal			
	I	II	III	IV
1984	5	8	10	6
1985	7	12	12	8
1986	9	12	14	10
1987	9	12	16	10

Damit sind gleitende Durchschnitte der Ordnung 4 zu bilden:

	Gleitende Durchschnitte			
	I	II	III	IV
1984			7.5	8.25
1985	9	9.5	10	10.25
1986	10.5	11	11.25	11.25
1987	11.5	11.75		

Nach dieser Vorgehensweise erhält man die glatte Komponente in guter Näherung, wenn man die gleitenden Durchschnitte in der Ordnung der Periodenlänge bildet. Voraussetzung dabei ist, daß die Störkomponente um 0 streut, sich also in einer Saison im Mittel aufhebt.

Im folgenden wird dies mit der Zeitreihe der Arbeitslosenzahlen zu Beginn des Paragraphen demonstriert. Da es sich um Monatsdaten handelt, werden die gleitenden Durchschnitte der Ordnung 12 berechnet. Die Tabelle gibt diese Werte für den Zeitraum Juli 1977 bis Juni 1989 wieder. Die anschließende Graphik macht die Wirkung der Durchschnittsbildung deutlich.

	1977	1978	1979	1980	1981	1982	1983
J		1016.4	930.2	839.7	1076.5	1609.0	2143.0
F		1012.6	920.0	844.9	1110.1	1651.5	2178.2
M		1009.0	909.5	851.3	1145.8	1696.2	2207.9
A		1004.9	898.4	860.1	1183.8	1742.8	2230.5
M		999.5	887.3	872.4	1225.4	1788.7	2246.5
J		992.8	876.1	889.9	1271.6	1833.2	2258.2
J	1028.4	987.5	864.8	911.7	1322.7	1877.2	2265.6
A	1027.3	982.0	853.3	935.8	1375.9	1924.5	2267.8
S	1028.4	972.4	844.0	962.5	1427.4	1973.5	2268.1
O	1027.4	961.3	838.5	989.8	1475.9	2020.2	2286.4
N	1024.4	950.3	836.1	1017.5	1521.8	2063.8	2267.7
D	1020.8	939.8	836.5	1046.1	1565.9	2104.6	2266.4

12 Einführung in die Zeitreihenanalyse

1984	1985	1986	1987	1988	1989
2265.8	2298.1	2276.1	2203.4	2251.0	2118.5
2266.1	2299.5	2268.4	2207.1	2252.0	2099.7
2266.7	2300.5	2259.9	2211.5	2251.8	2081.1
2267.0	2301.1	2250.4	2216.9	2250.7	2063.7
2266.7	2302.2	2239.3	2222.4	2248.2	2049.5
2265.5	2304.0	2228.0	2228.8	2241.5	2037.8
2267.8	2303.7	2218.7	2233.5	2228.9	
2274.3	2301.8	2210.5	2235.6	2212.4	
2280.7	2299.9	2204.6	2238.0	2192.7	
2268.3	2295.7	2202.5	2241.1	2172.3	
2290.9	2289.6	2201.0	2245.1	2154.4	
2295.4	2283.3	2200.8	2248.6	2137.0	

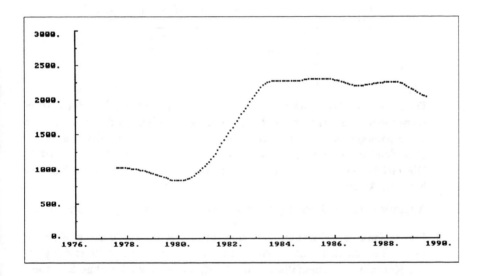

Abbildung 12.3   Gleitende Durchschnitte der Arbeitslosenzahlen der Jahre 1977-1989.

Die kleinen Zacken in der Kurve sprechen dafür, daß hier noch Auswirkungen der Störkomponente vorliegen. Möglicherweise sind diese jedoch auch konjunkturell bedingt. Geht man davon aus, daß

$$x_t^* \approx G_t = T_t + Z_t \quad \text{für } t = k+1, \ldots, n-k \qquad (8)$$

gilt, so erhält man mit

$$x_t - x_t^* \approx S_t + U_t \qquad (9)$$

die Summe aus Saison- und Störkomponente. Zur Bestimmung der Saisonkomponente betrachten wir zwei grundlegende Situationen:

1. Die saisonalen Schwankungen wirken sich von Periode zu Periode in gleicher Weise, also insbesondere in absolut gleicher Höhe aus.
   In Reinform ist dies in folgendem Beispiel gegeben.

12.4 Beispiel

t	1	2	3	4	5	6	7	8
x_t	4.0	2.0	3.0	5.0	3.0	4.0	6.0	4.0
x_t^*		3.0	3.$\bar{3}$	3.$\bar{6}$	4.0	4.$\bar{3}$	4.$\bar{6}$	5.0
$x_t - x_t^*$		-1.0	$-0.\bar{3}$	1.$\bar{3}$	-1.0	-0.3	1.$\bar{3}$	-1.0

t	9	10	11	12	13	14
x_t	5.0	7.0	5.0	6.0	8.0	6.0
x_t^*	5.$\bar{3}$	5.$\bar{6}$	6.0	6.$\bar{3}$	6.$\bar{6}$	
$x_t - x_t^*$	$-0.\bar{3}$	1.$\bar{3}$	-1.0	$-0.\bar{3}$	1.$\bar{3}$	

Die gleitenden Durchschnitte der Ordnung 3, x_t^* entsprechen der glatten Komponente, Störkomponente ist keine vorhanden, so daß $x_t - x_t^*$ mit der Saisonkomponente übereinstimmt. $x_t - x_t^*$ ist periodisch und der Periodendurchschnitt (gleitender Durchschnitt der Ordnung 3) ist 0. Die Größen -1, $-0.\bar{3}, 1.\bar{3}$ nennt man **Saisonfigur**. Die Saisonfigur ist hier also konstant.

Aufgabe in dieser Ausgangssituation ist die Bestimmung der Saisonfigur.

2. Die saisonalen Schwankungen sind proportional zur glatten Komponente, d.h. die Schwankungen nehmen bei zunehmendem Wert der glatten Komponente ebenfalls zu. In Reinform (also wieder ohne Störkomponente) ist dies im folgenden Beispiel 12.5 ersichtlich:

12.5 Beispiel

$(x_t = (1 + \lambda_t)t$ mit $\lambda_1 = \lambda_4 = \ldots = 0, \lambda_2 = \lambda_5 = \ldots = \frac{1}{3}, \lambda_3 = \lambda_6 = \ldots = -\frac{1}{3})$

t	1	2	3	4	5	6	7	8
x_t	1	2.$\bar{6}$	2	4	6.$\bar{6}$	4	7	10.$\bar{6}$
x_t^*		1.89	2.89	4.22	4.89	5.89	7.22	7.89
$\frac{x_t}{x_t^*}$		1.41	0.69	0.95	1.36	0.68	0.97	1.35

12 Einführung in die Zeitreihenanalyse

x_t	9	10	11	12	13	14	15
x_t	6	10	14.$\bar{6}$	8	13	18.$\bar{6}$	10
x_t^*			8.89	10.22	10.89	11.89	13.22	13.89
$\frac{x_t}{x_t^*}$			0.68	0.97	1.35	0.67	0.98	1.34

Wenn dieser Fall vorliegt – also Proportionalität von saisonalen Schwankungen und glatter Komponente –, so ist der Proportionlitätsfaktor für jede Zeitangabe der Periode zu bestimmen. Aus diesem Grund ist neben den gleitenden Durchschnitten der Ordnung 4 auch der Quotient $\frac{x_t}{x_t^*}$ angegeben, der dann in etwa dem Quotienten

$$\frac{G_t + S_t}{G_t} = (1 + \lambda_t) \qquad (10)$$

mit dem – gesuchten – Proportionalitätsfaktor λ_t für den Zeitpunkt t entspricht.

Aufgabe ist hier also die Bestimmung der Proportionalitätsfaktoren λ_t bzw. der sogenannten **Indexziffern** $I_t = 1 + \lambda_t$.

12.6 Bestimmung einer konstanten Saisonfigur

In dem angegebenen Beispiel erhielten wir die Saisonfigur direkt als Differenz aus Zeitreihe und geglätteten Werten. Im allgemeinen ist dies natürlich nicht der Fall; vielmehr werden die Abweichungen $x_t - x_t^*$ auch für übereinstimmende Zeitpunkte innerhalb der Periode (also z.B. bei Januarwerten für Monatsdaten) noch schwanken. (Sind diese Schwankungen groß, so ist der Ansatz einer konstanten Saisonfigur zu verwerfen). Diese Schwankungen können wir dadurch eliminieren, daß wir den Mittelwert aller dieser Abweichungen bilden.

Sei also $z_t = x_t - x_t^*$ und ℓ die Periodenlänge der Saison (es wurden also gleitende Durchschnitte der Ordnung ℓ gebildet), dann beziehen sich die Werte

$$z_1, z_{1+\ell}, z_{1+2\ell}, \ldots \qquad (11)$$

auf denselben Zeitpunkt innerhalb der Saison (Beispielsweise ist bei Monatsdaten $\ell = 12$, und wenn sich z_1 auf den Monat Januar bezieht, dann auch wieder $z_{1+12}, z_{1+24}, \ldots$).

Ebenso

$$\begin{array}{cccc} z_2, & z_{2+\ell}, & z_{2+2\ell}, & \ldots \\ \vdots & & & \\ z_\ell, & z_{\ell+\ell}, & z_{\ell+2\ell}, & \ldots \end{array} \qquad (12)$$

Bildet man das arithmetische Mittel bei jeder dieser l Zahlenreihen, so erhält man einen ersten Ansatz für die Saisonfigur:

$$\begin{aligned}
\bar{S}_1 &= \frac{1}{\text{Anzahl der Werte}}(z_1 + z_{1+l} + z_{1+2l} + \ldots) \\
&= \frac{1}{m_1} \sum_{i=1}^{m_1} z_{1+(i-1)\cdot l}, \\
\bar{S}_2 &= \frac{1}{\text{Anzahl der Werte}}(z_2 + z_{2+l} + z_{2+2l} + \ldots) \\
&= \frac{1}{m_2} \sum_{i=1}^{m_2} z_{2+(i-1)\cdot l}, \\
&\vdots \\
\bar{S}_l &= \frac{1}{\text{Anzahl der Werte}}(z_l + z_{2l} + z_{3l} + \ldots) \\
&= \frac{1}{m_l} \sum_{i=1}^{m_l} z_{il}.
\end{aligned} \qquad (13)$$

Die Anzahl der Werte, über die gemittelt wird, kann also unterschiedlich sein, was je nach Anzahl der Daten als Schönheitsfehler des Verfahrens angesehen werden muß.

Da die Saisonfigur keinen systematischen Einfluß haben soll, erwartet man, daß sie - wie im Beispiel oben - im Mittel verschwindet. Die Zahlen $\bar{S}_1$ bis $\bar{S}_l$ erfüllen diese Anforderungen in der Regel nicht, wir müssen also als Korrektur noch jeweils das Mittel der Werte $\bar{S}_1, \ldots, \bar{S}_l$ abziehen. Sei

$$\bar{S} = \frac{1}{l} \sum_{i=1}^{l} \bar{S}_i, \qquad (14)$$

so erhalten wir die Saisonfigur

$$\hat{S}_1 = \bar{S}_1 - \bar{S},\, \hat{S}_2 = \bar{S}_2 - \bar{S}, \cdots, \hat{S}_l = \bar{S}_l - \bar{S}. \qquad (15)$$

Durch das ^Zeichen ist dabei angedeutet, daß es sich nur um Schätzwerte handelt, da man bei Vorliegen einer Störkomponente nur unter sehr starken Voraussetzungen auf diese Weise die exakten Werte erhält.

12.7 Beispiel

In Beispiel 12.3 wurden gleitende Durchschnitte der Ordnung 4 berechnet. Daraus ergibt sich weiter:

	I	II	III	IV
	\multicolumn{4}{c}{$x_t - x_t^*$}			
1984			2.50	−2.25
1985	−2.00	2.50	2.00	−2.25
1986	−1.50	1.00	2.75	−1.25
1987	−2.50	0.25		
	−2.00	1.25	2.42	−1.92
	$\bar{S}_I$	$\bar{S}_{II}$	$\bar{S}_{III}$	$\bar{S}_{IV}$

Damit ist $\bar{S} = -0.06$ und

$$\hat{S}_I = -1.94, \quad \hat{S}_{II} = 1.31, \quad \hat{S}_{III} = 2.48, \quad \hat{S}_{IV} = -1.86.$$

Die so berechneten Werte der Saisonfigur liefern die sogenannte **saisonbereinigte Zeitreihe**, indem man von der Zeitreihe den jeweils zugehörigen Wert der Saisonfigur abzieht.

12.8 Beispiel

In obigem Beispiel erhält man als saisonbereinigte Zeitreihe für 1987:

	I	II	III	IV
1987	10.94	10.69	13.52	11.86

12.9 Berechnung der Saisonindexziffern

Es sei also angenommen, daß

$$S_t = \lambda_t G_t \quad \text{bzw.} \quad G_t + S_t = (1 + \lambda_t)G_t = I_t G_t \qquad (16)$$

gilt, wobei die Proportionalitätsfaktoren λ_t bzw. die Indexziffern I_t periodisch sind mit der Periodenlänge ℓ der Saison. Seien wieder x_t^* die gleitenden

Durchschnitte der Ordnung ℓ. x_t/x_t^* entspricht dann - wie im Beispiel schon angeführt - dem Quotienten $(G_t + S_t)/G_t = I_t$.

Natürlich ist auch hier nicht zu erwarten, daß $r_t = x_t/x_t^*$ periodisch ist, d.h. auch hier werden die Werte

$$
\begin{aligned}
& r_1, r_{1+\ell}, r_{1+2\ell}, \ldots \\
& r_2, r_{2+\ell}, r_{2+2\ell}, \ldots \\
& \vdots \\
& r_\ell, r_{2\ell}, r_{3\ell}, \ldots,
\end{aligned}
\tag{17}
$$

die jeweils übereinstimmenden zeitlichen Bezug innerhalb der Periode besitzen, noch leichten Schwankungen unterworfen sein. (Bei zu großen Schwankungen ist der Ansatz zu verwerfen.) Durchschnittsbildung liefert wieder eine erste Approximation der Indexziffern:

$$
\begin{aligned}
\bar{I}_1 & = \frac{1}{\text{Anzahl der Werte}} (r_1 + r_{1+\ell} + r_{1+2\ell} + \ldots) \\
& = \frac{1}{m_1} \sum_{i=1}^{m_1} r_{1+(i-1)\cdot \ell}, \\
\bar{I}_2 & = \frac{1}{m_2} \sum_{i=1}^{m_2} r_{2+(i-1)\cdot \ell}, \\
& \vdots \\
\bar{I}_\ell & = \frac{1}{m_\ell} \sum_{i=1}^{m_\ell} r_{i\ell}.
\end{aligned}
\tag{18}
$$

Da die Indexziffern multiplikativ eingehen und wieder keinen systematischen Beitrag bringen sollen, fordert man, daß ihr arithmetisches Mittel 1 ist. Um dies zu erreichen, müssen die Werte $\bar{I}_1, \ldots, \bar{I}_\ell$ noch durch das arithmetische Mittel

$$
\bar{I} = \frac{1}{\ell} \sum_{j=1}^{\ell} \bar{I}_j
\tag{19}
$$

dividiert werden.

12 Einführung in die Zeitreihenanalyse

Die so berechneten Saisonindexziffern lauten dann:

$$\hat{I}_1 = \frac{\bar{I}_1}{\bar{I}}, \hat{I}_2 = \frac{\bar{I}_2}{\bar{I}}, \cdots, \hat{I}_\ell = \frac{\bar{I}_\ell}{\bar{I}}. \qquad (20)$$

Die **saisonbereinigte** Zeitreihe erhält man bei diesem multiplikativen Ansatz durch Division der Zeitreihenwerte durch die zugehörige Indexziffer.

12.10 Beispiel

In dem oben konstruierten Beispiel erhält man (Periodenlänge $\ell = 3$) die saisonal zusammengehörenden Werte für x_t/x_t^* :

1.41,	1.36,	1.35,	1.35,	1.34	mit Mittelwert $\bar{I}_1 = 1.362$
0.69,	0.68,	0.68,	0.67		mit Mittelwert $\bar{I}_2 = 0.680$
0.95,	0.97,	0.97,	0.98		mit Mittelwert $\bar{I}_3 = 0.968$

Damit ist $\bar{I} = 1.003$ und die korrigierten Werte sind

$$\hat{I}_1 = 1.357, \hat{I}_2 = 0.678, \hat{I}_3 = 0.965.$$

Vergleicht man dieses Ergebnis mit der ursprünglichen Zeitreihe, die mit den Indexziffern $4/3, 2/3, 1$ und der glatten Komponente $G_t = t$ gebildet ist, so sieht man, daß dieses Verfahren einen systematischen Fehler enthält, d.h. auch in Fällen ohne Störkomponente nicht die exakten Werte liefert. Bei weniger stark wachsendem Trend macht sich dieser Fehler allerdings entsprechend weniger stark bemerkbar.

Die vorgestellten Verfahren der deskriptiven Zeitreihenanalyse sollen eine Einführung in die Aufgabenstellung und die Methodik geben. Insbesondere für die Saisonbereinigung gibt es noch eine Vielzahl weiterer auch für die Praxis wichtiger Verfahren, darunter vor allem das Census-II-Verfahren, das von der Deutschen Bundesbank in der Variante $X - 11$ verwendet wird (vgl. Monatsberichte der Dt. Bundesbank, März 1970, S.38-43), und das sogenannte Berliner Verfahren (s. Nullau/ Heiler/ Wäsch/ Meisner/ Filip 1969). Eine Einführung in die Zeitreihenanalyse und weitere Literaturhinweise findet man u.a. bei Leiner, 1982.

Übungsaufgaben

1. Gegeben ist die folgende Zeitreihe:

1.3.89	1.7.89	1.11.89	1.3.90	1.7.90	1.11.90	1.3.91
300	355	320	310	370	330	325

1.7.91	1.11.91	1.3.92
380	340	335

Führen Sie unter der Annahme einer konstanten Saisonfigur eine Saisonbereinigung durch.

2.

1.2.89	1.5.89	1.8.89	1.11.89	1.2.90	1.5.90	1.8.90
15	20	25	18	18	22	26

1.11.90	1.2.91	1.5.91	1.8.91	1.11.91	1.2.92	1.5.92	1.8.92
19	17	23	28	20	21	25	27

Führen Sie unter der Annahme einer konstanten Saisonfigur eine Saisonbereinigung durch.

13 Maßzahlen

Seit den ersten Ansätzen Achenwalls (1719 - 1772) und anderer, wirtschaftliche und soziale Vorgänge in der Entwicklung eines Staates und seiner Bevölkerung zahlenmäßig zu erfassen, ist diese Aufgabe der Statistik immer umfangreicher geworden. Wie bereits erwähnt, werden von zahlreichen Institutionen in der Bundesrepublik laufend Daten erhoben. Aber auch internationale Einrichtungen wie die OECD oder der IWF vergleichen permanent die Entwicklung in den einzelnen Staaten.

Um die Vielzahl dieser Daten einigermaßen transparent zu gestalten, benötigt man Methoden zur Behandlung insbesondere folgender Fragen:

a) Aus welchen Anteilen setzt sich eine Größe zusammen?

b) Wie verhalten sich zusammenhängende Größen zueinander?

c) Nach welcher Gesetzmäßigkeit hat sich eine Größe zeitlich verändert?

Dabei sollten die Verfahren einen möglichst unmittelbaren – oder zumindest einfach durchführbaren – Vergleich entsprechender Größen (z.B. verschiedener Staaten) zulassen. Dies geschieht mit sogenannten **Maßzahlen**. Mit den Lage- und Streuungsparametern, den Konzentrationsmaßen und den Zusammenhangsmaßen (Kontingenz- und Korrelationskoeffizient) haben wir schon einige Maßzahlen kennengelernt. Zur Behandlung von Fragestellungen wie oben werden häufig Quotienten von betrachteten Größen oder von daraus abgeleiteten Maßzahlen gebildet. Maßzahlen, die auf diese Weise gewonnen werden, heißen **Verhältniszahlen**. Beispielsweise ist der Variationskoeffizient eine solche Verhältniszahl. Da er – wie wir gesehen haben – dimensionslos ist, ist es möglich, damit die Streuung von verschiedenen Häufigkeitsverteilungen – auch von Größen unterschiedlicher Dimension – zu vergleichen.

Bei Verhältniszahlen unterscheidet man dann weiter nach der Art der Größen, aus denen der Quotient gebildet wird, in **Gliederungszahlen**, **Beziehungszahlen** und **Indexzahlen**.

Gliederungszahlen geben das Verhältnis einer Teilgröße zu einer übergeordneten Gesamtgröße an; setzt sich eine (Gesamt-)Größe additiv aus Teilgrößen zusammen, so wird durch Gliederungszahlen der Anteil der Teilgrößen an der Gesamtgröße wiedergeben. Das Bildungsprinzip entspricht also genau dem der relativen Häufigkeiten, die spezielle Gliederungszahlen sind. Dementsprechend bietet sich auch die graphische Darstellung mit Kreissektorendiagrammen bei Gliederungszahlen an.

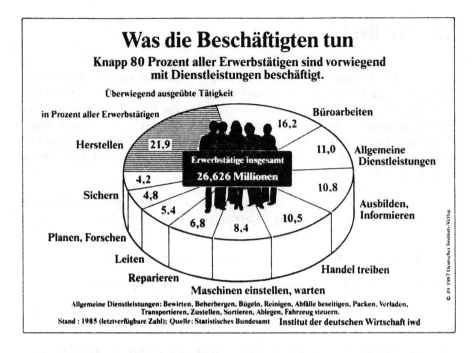

Abbildung 13.1   Darstellung von Gliederungszahlen durch Kreissektorendiagramme (iwd 7, 1988).

Beziehungszahlen geben das Verhältnis zweier sachlich zusammenhängender Größen wieder. Typische Beziehungszahlen sind das Pro-Kopf-Einkommen, Durchschnittsertrag pro Hektar in der Landwirtschaft, Geburtenziffer (Anzahl der Lebendgeborenen pro Einwohner), usw.

Häufig können dann, wenn Bestands- und die zugehörigen Ereignismassen betrachtet werden, in sinnvoller Weise Beziehungszahlen gebildet werden, indem man das Verhältnis aus der Anzahl der Ereigniseinheiten und der Höhe des Bestandes bildet. So kann im Beispiel der Bevölkerungsstatistik das Verhältnis aus Geburtenzahl (bzw. Anzahl der Todesfälle) und Bevölkerungszahl gebildet werden, ebenso auch die entsprechenden Verhältnisse mit den Ereignissen Zuzüge und Fortzüge. Beziehungszahlen, die Ereignismassen auf die zugehörigen Bestandsmassen beziehen, werden als **Verursachungszahlen** bezeichnet, alle übrigen als **Entsprechungszahlen**.

13.1   Beispiele

a) Es soll für verschiedene Studiengänge verglichen werden, wieviele der

Studienanfänger dieses Studiengangs diesen innerhalb der ersten 4 Semester abbrechen. Diese „Abbrecherquote"

$$\frac{\text{Anzahl der Studienabbrecher}}{\text{Anzahl der Studienanfänger}}$$

ist demnach eine Verursachungszahl.

b) Zur Analyse des Sachverhalts aus Teil 1 wird das Verhältnis

$$\frac{\text{Anzahl der Studenten des Studiengangs insgesamt}}{\text{Anzahl der hauptamtlich in diesem Studiengang Tätigen}}$$

für die untersuchten Studiengänge gebildet. Dieses „Betreuungsverhältnis" ist eine Entsprechungszahl.

Bei der Interpretation von Beziehungszahlen ist sorgfältig darauf zu achten, ob der sachliche Zusammenhang der beiden Größen diese – oft naheliegende – Interpretation auch wirklich zuläßt. Beispielsweise ist es sicherlich besser, die Zahl der Geburten eines Jahres auf die Zahl der Frauen in einem gebärfähigen Alter zu beziehen, als auf die Gesamtbevölkerung, wenn die Situation in zwei verschiedenen Ländern verglichen wird. Nur bei nahezu identischer Altersstruktur in beiden Ländern ist dieser Unterschied unerheblich.

Für die Beschreibung und den Vergleich der zeitlichen Entwicklung von ökonomischen Größen werden Indexzahlen benutzt. Dabei wird unterschieden zwischen **Meßzahlen** (einfache Indices), die als Verhältnis einer meßbaren Größe eines realen Sachverhalts zu verschiedenen Zeitpunkten gebildet werden, und **zusammengesetzten Indexzahlen**, die die zeitliche Entwicklung mehrerer Größen – oft unterschiedlicher Dimension – durch *eine* Zahl beschreiben sollen. Die einzelnen Größen sollen natürlich in einem sinnvollen Zusammenhang zueinander stehen. Typisches Beispiel dafür ist der Preisindex für die private Lebenshaltung, der – wie allgemein bekannt – die Preisentwicklung aller für einen Privathaushalt relevanten Größen in einer Zahl charakterisieren soll. Wegen ihrer besonderen Bedeutung wird auf die Preis- und Mengenindices im nächsten Paragraphen getrennt eingegangen. Indexzahlen erkennt man häufig leicht daran, daß eine Angabe der Form „1980=100" gemacht ist. Diese „Gleichung" soll natürlich keinen Hinweis auf die mathematische Exaktheit der Berechnung geben, sondern angeben, daß die Indexzahl im Jahr 1980 100 beträgt, daß also alle Daten auf den Wert des Jahres 1980 (Nenner der Verhältniszahl) bezogen sind.

13.2 Beispiele für Meßzahlen

a) Entwicklung des Bruttosozialprodukts für die BRD in den Jahren 1975-1987 in Mrd. DM (Quelle: Institut der deutschen Wirtschaft „Zahlen

1987" und „Zahlen 1988", für 1985 und 1987 vorläufig):

1029.4, 1126.2, 1199.2, 1291.6, 1396.6, 1485.2,
1545.1, 1597.1, 1679.3, 1769.9, 1845.6, 1948.8, 2023.2.

Für das Basisjahr 1975 erhält man daher die Meßzahlenreihe:

100.0, 109.4, 116.5, 125.5, 135.7, 144.3,
150.1, 155.1, 163.1, 171.9, 179.3, 189.3, 196.5

Mit dem Basisjahr 1980 ergibt sich:

69.3, 75.8, 80.7, 87.0, 94.0, 100.0,
104.0, 107.5, 113.1, 119,2, 124.3, 131.3, 136.2.

b) Entwicklung der Zahl der Erwerbstätigen in den Jahren 1965 bis 1987, absolute Zahlen in 1000 (Quelle: Institut der deutschen Wirtschaft „Zahlen 1988"):

27034, 26962, 26409, 26291, 26535,
26817, 27002, 26990, 27195, 27147,
26884, 26651, 26577, 26692, 26923,
27217, 27416, 27542, 27589, 27618
27846, 28022, 28200.

Daraus ergibt sich mit dem Basisjahr 1965 die Meßzahlenreihe:

100.0, 99.7, 97.7, 97.3, 98.2,
99.2, 99.9, 99.8, 100.6, 100.4,
99.4, 98.6, 98.2, 98.7, 99.6,
100.7, 101.4, 101.9, 102.1, 102.2,
103.0, 103.7, 104.3.

Für das Basisjahr 1980 erhält man für die Jahre 1980 bis 1987:

100.0, 100.7, 101.2, 101.4, 101.5, 102.3, 103.0, 103.6.

Bei Indexzahlen ergeben sich aufgrund der besonderen Rolle des Basisjahres zwei Aufgaben:

a) Berechnung der Zeitreihenwerte bei einem Wechsel des Basisjahres („**Umbasierung einer Zeitreihe**").

b) Zusammenfügen von zwei Zeitreihen einer Indexzahl zu verschiedenen Zeitabschnitten mit jeweils eigenem Basisjahr zu einer Zeitreihe („**Verknüpfen von Zeitreihen**").

13 Maßzahlen

Sei $x_0, \ldots, x_T$ die Zeitreihe einer ökonomischen Größe für die Zeitpunkte $0, \ldots, T$. Die Zeitreihe der Meßzahlen mit Basiszeitpunkt 0 lautet dann

$$\frac{x_0}{x_0}, \frac{x_1}{x_0}, \ldots, \frac{x_T}{x_0} \tag{1}$$

(bei Angabe in Prozent jeweils multipliziert mit 100). Aus dieser Zeitreihe soll nun die Zeitreihe der Meßzahlen mit Basiszeitpunkt k berechnet werden. Man erhält für den Zeitpunkt t

$$\frac{x_t}{x_k} = \frac{x_t}{x_0} \cdot \frac{x_0}{x_k} = \frac{x_t}{x_0} : \frac{x_k}{x_0}, \tag{2}$$

d.h. die Werte der Zeitreihe (1) sind durch $\frac{x_k}{x_0}$ zu dividieren.

Eine Zeitreihe von Indexzahlen wird **umbasiert**, indem man alle Indexzahlen durch die Indexzahl der neuen Basis dividiert.

Seien nun anstelle der Zeitreihe (1) die Zeitreihen zweier Zeitabschnitte gegeben:

Abschnitt 1: $\frac{x_0}{x_0}, \ldots, \frac{x_k}{x_0}$ mit Basis 0

Abschnitt 2: $\frac{x_k}{x_k}, \ldots, \frac{x_{k+1}}{x_k}, \ldots, \frac{x_T}{x_k}$ mit Basis k

Aus diesen Zeitreihen soll nun die Zeitreihe (1) ermittelt werden. Für $t = k+1, \ldots, T$ erhält man

$$\frac{x_t}{x_0} = \frac{x_t}{x_k} \cdot \frac{x_k}{x_0}. \tag{3}$$

Die Zeitreihen werden also **verknüpft**, indem man die Indexzahlen des zweiten Abschnitts mit der Indexzahl der Basis des zweiten Abschnitts bzgl. der Basis des ersten Abschnitts multipliziert.

Übungsaufgaben

1. Zu den Jahresangaben der Darstellung 13.2 berechne man die Indexzahlen.
2. Welcher Art sind die Maßzahlen in den beiden Darstellungen der Abbildung 13.3?

Abbildung 13.2 Zu Übungsaufgabe 1, Quelle: iwd 15/92

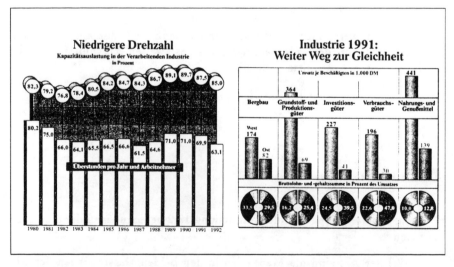

Abbildung 13.3 Zu Übungsaufgabe 2, Quelle: iwd 16 bzw. 17/92

14 Preis- und Mengenindices

Wie in § 13 bereits erwähnt, besteht für die Beschreibung der volkswirtschaftlichen Entwicklung von Staaten (oder Teilgebieten dieser) das Bedürfnis, die zeitliche Entwicklung mehrerer Größen durch eine Größe zu charakterisieren. Neben dem dort angegebenen Beispiel der Entwicklung der Preise gilt dies zum Beispiel auch für das Konsumentenverhalten. Aber auch eine Firma, die mehrere Produkte herstellt, kann daran interessiert sein, den quantitativen Umfang ihrer Produktion in zwei verschiedenen Zeiträumen zu vergleichen. Der Umsatz ist dafür nicht geeignet, da bei Preisänderungen diese die Umsatzänderung mit beeinflussen.

14.1 Beispiel

Ein Unternehmen für Elektrokleingeräte stellt Föne, Heizlüfter und Ventilatoren her. Im Jahr $A(B)$ wurden hergestellt und zum angegebenen Preis in DM verkauft:

	Fön		Heizlüfter		Ventilator	
	Anzahl	Stückpreis	Anzahl	Stückpreis	Anzahl	Stückpreis
A	30000	30	70000	70	10000	15
B	50000	25	100000	55	8000	25

Der Umsatz ist von Jahr A mit 5950000 auf 6950000 im Jahr B, also um 16,8% gewachsen. Da aber die Preise bei Fön und Heizlüfter gefallen sind, wird die quantitative Steigerung in diesen Bereichen nicht korrekt wiedergegeben, während bei den Ventilatoren ein Produktionsrückgang vorliegt. Ähnliche Probleme ergeben sich, wenn man die Veränderungen der Preise für die drei Geräte in einer Zahl beschreiben soll, da diese in Tendenz und Ausmaß unterschiedlich sind.

Als Ansatz für die Lösung der im Beispiel angesprochenen Problematik bieten sich intuitiv zwei Methoden an, wobei zunächst die Preisentwicklung behandelt wird:

a) Man bildet für jedes betrachtete Produkt die Preismeßzahl, d.h. den Quotienten aus den Preisen zu den verschiedenen Zeiten, und mittelt diese Preismeßzahl unter Berücksichtigung der „Bedeutung" der Produkte.

b) Man versucht in geeigneter Weise die störende Entwicklung der Quantitäten zu beseitigen, indem man für eine der beiden Zeiten oder beide fiktive Quantitäten einführt. Diese Quantitäten dienen dann als Referenzgrößen. Mit ihnen kann dann der (fiktive) Umsatz zu den beiden Zeiten mit den beobachteten Preisen ermittelt werden und diese Größen zu einer Indexzahl verarbeitet werden.

Beginnen wir mit dem zweiten Ansatz:

Von den Gütern $i = 1, \ldots, n$ wurden im Jahr 0 die Quantitäten

$$q_i^0, \quad i = 1, \ldots, n \tag{1}$$

und die Stückpreise

$$p_i^0, \quad i = 1, \ldots, n \tag{2}$$

beobachtet.

Für dieselben Güter erhält man im Jahr t die Quantitäten

$$q_i^t, \quad i = 1, \ldots, n \tag{3}$$

und die Stückpreise

$$p_i^t, \quad i = 1, \ldots, n. \tag{4}$$

Übernimmt man etwa die Quantitäten des Jahres 0 in das Jahr t, so erhält man[1]:

- Umsatz im Jahr 0:

$$\sum_{i=1}^{n} q_i^0 p_i^0, \tag{5}$$

- (Fiktiver) Umsatz im Jahr t:

$$\sum_{i=1}^{n} q_i^0 p_i^t, \tag{6}$$

Meßzahl der so berechneten Umsatzwerte ist

$$\frac{\sum_{i=1}^{n} q_i^0 p_i^t}{\sum_{i=1}^{n} q_i^0 p_i^0}. \tag{7}$$

---

[1] Statt Jahren kann es sich natürlich auch um andere Zeiträume handeln.

14 Preis- und Mengenindices

Der Ausdruck (7) heißt **Preisindex nach Laspeyres**[2] **für das Jahr t mit dem Basisjahr 0**, im folgenden mit PL_0^t bezeichnet. Preisindices werden im allgemeinen in Prozent angegeben.

Anstatt mit den „veralteten" Quantitäten aus dem Basisjahr zu arbeiten, kann man auch die Quantitäten des aktuellen Berichtsjahres t verwenden und fiktiv in das Basisjahr übertragen:

- (Fiktiver) Umsatz im Jahr 0:

$$\sum_{i=1}^{n} q_i^t p_i^0, \qquad (8)$$

- Umsatz im Jahr t:

$$\sum_{i=1}^{n} q_i^t p_i^t. \qquad (9)$$

Die Meßzahl aus diesen Größen

$$PP_0^t = \frac{\sum_{i=1}^{n} q_i^t p_i^t}{\sum_{i=1}^{n} q_i^t p_i^0} \qquad (10)$$

heißt **Preisindex nach Paasche**[3].

Anstatt die Quantitäten eines der Beobachtungszeiträume für den anderen zu übernehmen, kann man diese auch mitteln. Man erhält so den **Preisindex nach Marshall**[4] **und Edgeworth**[5]

$$PME_0^t = \frac{\sum_{i=1}^{n}(q_i^0 + q_i^t) \cdot p_i^t}{\sum_{i=1}^{n}(q_i^0 + q_i^t) \cdot p_i^0}. \qquad (11)$$

Ebenso kann man auch die Quantitäten eines „typischen" (dritten) Jahres verwenden („Methode des typischen Jahres").

Um die Nachteile der beiden Indices nach Laspeyres und Paasche auszugleichen, hat Fisher[6] vorgeschlagen, das geometrische Mittel dieser beiden zu

---

[2] Ernst Louis Etienne Laspeyres, 1834-1913, dt. Nationalökonom u. Statistiker.
[3] Hermann Paasche, 1851-1922, dt. Statistiker.
[4] Alfred Marshall, 1842-1924, brit. Nationalökonom.
[5] Francis Ysidoro Edgeworth, 1845-1926, brit. Nationalökonom.
[6] Irving Fisher, 1867-1947, amerik. Nationalökonom.

verwenden („**Fishers idealer Preisindex**"):

$$PF_0^t = \sqrt{PL_0^t \cdot PP_0^t}. \qquad (12)$$

14.2 Beispiel

In Beispiel 15.1 ergeben sich folgende Preisindices

$$PL_A^B = 81,5\%; \quad PP_A^B = 80,63\%; \quad PME_A^B = 80,99\%; \quad PF_A^B = 81,06\%$$

Übungsaufgabe 14.1:

Man konstruiere ein Beispiel mit maximal 3 Gütern, bei dem $PL_0^t > 100\%$ und $PP_0^t < 100\%$ bzw. umgekehrt ist.

Folgt man Ansatz 1, so erhält man zunächst die Preismeßzahlen

$$\frac{p_i^t}{p_i^0}, \quad i = 1, \ldots, n. \qquad (13)$$

Würde man einfach das arithmetische Mittel dieser Zahlen bilden, so bliebe die unterschiedliche Bedeutung der Güter unberücksichtigt. Wie aber das Beispiel 15.1 erkennen läßt, hat z.B. für den Umsatz eines Unternehmens die Preisentwicklung der einzelnen Produkte völlig verschiedene Auswirkungen. Bei der Festlegung von Gewichten für die Durchschnittsbildung wird man die Quantitäten heranziehen. Beispielsweise könnte man im Beispiel 15.1 den Anteil des Produkts am Umsatz berücksichtigen. Wenn man mit dem Preisindex die Preisentwicklung für die Lebenshaltung eines Haushaltes beschreiben will, kann man den Anteil des Produkts an den Gesamtausgaben für Lebenshaltung als Gewicht verwenden. Problematisch ist offensichtlich wieder, welches Jahr man für diese Berechnung der Gewichte verwendet. Nimmt man das Basisjahr, so erhält man:

Anteil des Gutes i am Gesamtumsatz im Basisjahr:

$$r_i := \frac{q_i^0 p_i^0}{\sum_{i=1}^{n} q_i^0 p_i^0} \qquad (14)$$

Daraus ergibt sich als gewichtetes Mittel der Preismeßzahlen:

$$\sum_{i=1}^{n} r_i \frac{p_i^t}{p_i^0} = \sum_{i=1}^{n} \frac{q_i^0 p_i^0}{\sum_{i=1}^{n} q_i^0 p_i^0} \cdot \frac{p_i^t}{p_i^0} = \sum_{i=1}^{n} \frac{q_i^0 p_i^t}{\sum_{i=1}^{n} q_i^0 p_i^0} = \frac{\sum_{i=1}^{n} q_i^0 p_i^t}{\sum_{i=1}^{n} q_i^0 p_i^0}, \qquad (15)$$

also der Preisindex nach Laspeyres. Den Preisindex nach Paasche erhält man, wenn man die Gewichte mit den Preisen des Basisjahres und den Quantitäten des Berichtsjahres berechnet:

$$PP_0^t = \frac{\sum_{i=1}^{n} q_i^t p_i^t}{\sum_{i=1}^{n} q_i^t p_i^0} = \sum_{i=1}^{n} \frac{q_i^t p_i^0}{\sum_{i=1}^{n} q_i^t p_i^0} \cdot \frac{p_i^t}{p_i^0} \qquad (16)$$

Damit sind die Gewichte fiktive Größen, deren Interpretation nicht in derselben Weise zugänglich ist.

Übungsaufgabe 14.2:

Kann der Preisindex nach Marshall und Edgeworth als gewichtetes Mittel von Preismeßzahlen dargestellt werden? Wie sind die Gewichte gegebenenfalls zu interpretieren?

Für die Berechnung der Mengenindices ist nur die Rolle von Quantitäten und Preisen zu vertauschen. Auch die Interpretation der einzelnen Indices kann entsprechend übertragen werden. Im folgenden sind die Mengenindices aufgeführt, die den obigen Preisindices entsprechen.

Mengenindex nach Laspeyres:

$$ML_0^t = \frac{\sum_{i=1}^{n} q_i^t p_i^0}{\sum_{i=1}^{n} q_i^0 p_i^0}. \qquad (17)$$

Mengenindex nach Paasche:

$$MP_0^t = \frac{\sum_{i=1}^{n} q_i^t p_i^t}{\sum_{i=1}^{n} q_i^0 p_i^t}. \qquad (18)$$

Mengenindex nach Marshall/Edgeworth:

$$MME_0^t = \frac{\sum_{i=1}^{n} q_i^t (p_i^0 + p_i^t)}{\sum_{i=1}^{n} q_i^0 (p_i^0 + p_i^t)}. \qquad (19)$$

Fishers idealer Mengenindex:

$$MF_0^t = \sqrt{ML_0^t \cdot MP_0^t}. \qquad (20)$$

14.3 Beispiel

Als Mengenindices erhält man in Beispiel 15.1:

$ML_A^B = 144.87\%, MP_A^B = 143.30\%, MME_A^B = 144.17\%, MF_A^B = 144.08\%.$

Übungsaufgabe 14.3:

Man stelle diese Indices soweit möglich als gewichtetes Mittel der Quantitätsmeßzahlen $\frac{q_i^t}{q_i^0}$ dar.

Neben den erwähnten Indices sind noch weitere Indices eingeführt worden. Auf Vollständigkeit in der Angabe von Preis- und Mengenindices wird jedoch in dieser Einführung verzichtet, insbesondere da kein Index – wie im folgenden näher erläutert – alle die Eigenschaften besitzt, die man sinnvollerweise fordern könnte.

Ein dritter Weg nämlich, eine Indexzahl zu finden, besteht darin, zunächst wünschenswerte Eigenschaften – sogenannte Axiome – eines „idealen" Preisbzw. Mengenindex in Abhängigkeit von den Größen (1) - (4) aufzustellen. (Z.B. sollte ein Preisindex nicht davon abhängen, ob die Preise in DM oder in Pfennig angegeben sind.) Eine solche „axiomatische" Vorgehensweise führt hier zu einem System von Funktionalgleichungen. Daran anschließend kann dann versucht werden, eine Funktion zu finden, die die erforderlichen Eigenschaften besitzt. W. Eichhorn hat jedoch 1978 gezeigt, daß es keine Funktion gibt, die alle wünschenswerten Eigenschaften besitzt, es also auch keine Ideallösung bei der Festlegung eines Preisindex gibt. Anhand des von ihm aufgestellten Katalogs kann man aber überprüfen, welchen Nachteil man bei der Verwendung eines bestimmten Preisindex in Kauf nimmt. Daß ein „richtiger" Preis- bzw. Mengenindex nicht existieren kann, ist nicht überraschend, da die Beschreibung der Entwicklung einer Vielzahl von Größen durch eine einzige Zahl nur dann nicht mit Informationsverlust verbunden ist, wenn sich alle diese Zahlen in gleicher Weise verändern. Wenn aber die Veränderung sehr unterschiedlich ist, so kann dies durch eine Zahl nur unvollständig bzw. sogar verfälschend wiedergegeben werden. Indexzahlen sollten also nur dann verwendet werden, wenn die Veränderung nicht zu sehr differiert, wie dies bei Preisen und Quantitäten im allgemeinen der Fall sein dürfte.

In der Bundesrepublik Deutschland wird als Preisindex für die private Lebenshaltung ein Preisindex nach Laspeyres berechnet, wobei zunächst eine Liste der relevanten Güter („Warenkorb") aufgestellt wird. Diese Liste wird von Zeit zu Zeit aktualisiert und umfaßt zur Zeit etwa 750 Güter. Im Anschluß ist eine Tabelle mit den Werten ab 1980 wiedergegeben. Von besonderem Interesse ist dabei die Veränderung des Preisindex, wobei als Zeitspanne üblicherweise ein Jahr angesetzt wird. Die Veränderung gegenüber dem Vorjahr in % berechnet sich als Differenz der Größen in Relation zum alten Wert in %:

$$\frac{x_{t+1} - x_t}{x_t} \cdot 100.$$

Jahr	1980	1981	1982	1983	1984	1985	1986
Preisindex	100.0	106.3	111.9	115.6	118.4	121.0	120.7
Veränderung gegen Vorjahr		6.3	5.3	3.3	2.4	2.2	-0.2

Jahr	1987	1988
Preisindex	121.0	122.4
Veränderung gegen Vorjahr	0.2	1.2

Tab.14.1: Preisindex in % für die Lebenshaltung aller privaten Haushalte (Quelle: Zahlen 1989, Institut der deutschen Wirtschaft; Basis 1980).

Jahr	1985	1986	1987	1988	1989	1990	1991
Preisindex	100	99.9	100.1	101.4	104.2	107.0	110.7
Veränderung gegen Vorjahr		-0.1	0.2	1.3	2.8	2.7	3.5

Tab.14.2: dito, Basis 1985 (nur Westgebiete), Quelle: Zahlen 1992.

Eine Verknüpfung der Zeitreihen ist problematisch, da mit der Änderung des Basisjahres auch der Warenkorb verändert wurde. Führt man eine Verknüpfung dennoch durch, so ergibt sich (vgl. § 13):

Jahr	1985	1986	1987	1988	1989	1990	1991
Preisindex	121.0	120.9	121.1	122.7	126.1	129.5	133.9

Tab.14.3: Tab.14.2 umgerechnet auf Basis 1980.

Der Unterschied zu Tab.14.1 für die Jahre 86-88 macht den Unterschied im Warenkorb deutlich.

Übungsaufgaben

4. Die Eintrittspreise für Kino, Theater und Konzert betrugen 1970 5,–, 8,– und 10,– DM. Der Student Theo besuchte in jenem Jahr diese Bildungsstätten 30, 10 bzw. 5 mal. Als Manager Theodor hat er im Jahr 1989 nicht mehr soviel Zeit und die Zahl seiner entsprechenden Besuche betrug im vergangenen Jahr nur noch 10, 2 und 6. Als Eintrittspreise bezahlte er jeweils 10,–, 35,– und 60,– DM. Wie groß ist die Steigerung der Preise nach dem Preisindex nach Laspeyres und nach dem Preisindex von Paasche? Wie kann man die Änderung seiner Kulturbeflissenheit durch eine Zahl beschreiben?

5. Wie ändern sich die Preisindices nach Laspeyres und Paasche, wenn man Basisjahr und Berichtsjahr vertauscht? Begründung!

6. In zwei Jahren werden folgende Preise p und Absatzmengen q dür drei Genußmittel registriert:

	p^1	p^2	q^1	q^2
Bier	1	1.2	100	100
Wein	5	6	40	30
Sekt	10	11	15	20

Bestimmen Sie für die Bezugsperiode 1 und die Berichtsperiode 2 die Preis- und Mengenindices von Laspeyres, Paasche und Fisher.

7. Ein passionierter Camper möchte den Preisunterschied zum Vorjahr bei seinem Stammcampingplatz feststellen. Seine vierköpfige Familie reiste im Vorjahr mit einem Auto, zwei Zelten und einem Boot. Dieses Jahr ist ein Hund dazugekommen, dafür reist der Sohn lieber mit dem Tramperticket durch Europa.

Preise pro Nacht	im Vorjahr	dieses Jahr
pro Person	DM 2.50	DM 3.00
pro Zelt	DM 5.00	DM 4.50
pro Auto	DM 6.00	DM 5.50
pro Boot	DM 8.00	DM 10.00
pro Hund	DM 6.00	DM 9.00

Beide Jahre war die Familie vier Wochen auf dem Campingplatz. Man berechne - wenn möglich - die Preisindices nach Paasche, Laspeyres und Fisher. Ändert sich etwas, wenn der Urlaub in diesem Jahr auf drei Wochen verkürzt wird.

A Lösungen der Übungsaufgaben

§ 2

2.1 a) statistische Einheiten sind die 10 umsatzstärksten Elektronikhersteller.

b) Die statistische Masse besteht aus den 693 befragten ostdeutschen Betrieben.

c) statistische Einheiten sind die an den Flughäfen in der Bundesrepublik Deutschland abgefertigten Fluggäste[1].

d) Betrachtet werden Firmenzusammenschlüsse und Übernahmen. Statistische Einheiten sind also diese Vorgänge. In der großen Graphik bei den 1000 größten Industrieunternehmen der EG. In der kleinen Graphik diejenigen, die dem Bundeskartellamt angezeigt wurden. In beiden Darstellungen jeweils in der zeitlichen Entwicklung gegliedert.

Bei a) und c) handelt es sich um Bestandsmassen, bei b) und d) um Ereignismassen.

2.2 a) Die zugehörigen Ereignismassen betreffen die Veränderungen unter den 10 umsatzstärksten Elektronikherstellern, z.B. können andere Firmen durch Umsatzsteigerung aufrücken (Zugang) und dafür einige dieser herausfallen (Abgang), aber auch Fusionen und Übernahmen (siehe c) sind denkbar.

b) Da es sich um eine einmalige Befragung handelt, gibt es keine Veränderungen, also auch keine zugehörigen Ereignismassen.

c) Die abgefertigten Fluggäste (vom Flughafen startend) bilden eine der Abgangsmassen für die Bestandsmasse bestehend aus den Personen, die sich in der Bundesrepublik aufhalten.

d) Die zugehörige Bestandsmasse besteht aus den zum jeweiligen betrachteten Zeitpunkt existierenden Industrieunternehmen.

2.3 a) Aufgeführt sind die Merkmalswerte der Merkmale Umsatz und Firmensitz.

b) Wissensbedarf und Ausbildungsstand der Mitarbeiter in zehn Wissensbereichen, also 10 Merkmale mit je 4 Merkmalsausprägungen, wobei bei einigen statistischen Einheiten der Merkmalswert nicht festgestellt wurde bzw. werden konnte.

---

[1] Bei einer anderen Interpretation sind die Flughäfen die untersuchten Einheiten (Bestandsmassen) mit dem Untersuchungsmerkmal „Anzahl abgefertigter Fluggäste".

c) Merkmal ist der Flughafen, von dem der Fluggast startet.
d) keine Merkmalsuntersuchung.

§ 3

3.1 Beispiel a: Umsatz ist ein quantitatives Merkmal; Verhältnisskala, stetig. Der Firmensitz ist ein qualitatives Merkmal.
Beispiel b: Qualitative Merkmale, da die Merkmalsausprägung „nicht relevant" nicht mit den übrigen drei, die für sich betrachtet ein Rangmerkmal bilden, in einer natürlichen Reihenfolge steht.
Beispiel c: „Abflugsflughafen" ist ein qualitatives Merkmal.

3.2 a) qualitativ,

b-e) quantitativ (stetig, Verhältnisskala),

f) qualitativ,

g) Rangmerkmal, falls die Merkmalsausprägungen keine geographische Zugehörigkeit enthalten, z.B. A-Klasse, Verbandsliga, Oberliga etc. Sollte allerdings auch das Land, der Kreis etc. erfaßt sein, spricht man auch von einem hierarchischen Merkmal, da es mehrere Merkmalsausprägungen auf einer „Ebene" gibt.

§ 4

4.1 Häufigkeitstabelle:

Merkmalsausprägung	0	1	2	3	4	5	6	7
Häufigkeit	0	3	9	8	12	6	7	5

Empirische Verteilungsfunktion (s. Abb. A.1):

$$F(x) = \begin{cases} 0 & x < 1 \\ 0.06 & 1 \leq x < 2 \\ 0.24 & 2 \leq x < 3 \\ 0.40 & 3 \leq x < 4 \\ 0.64 & 4 \leq x < 5 \\ 0.76 & 5 \leq x < 6 \\ 0.90 & 6 \leq x < 7 \\ 1 & 7 \leq x \end{cases}$$

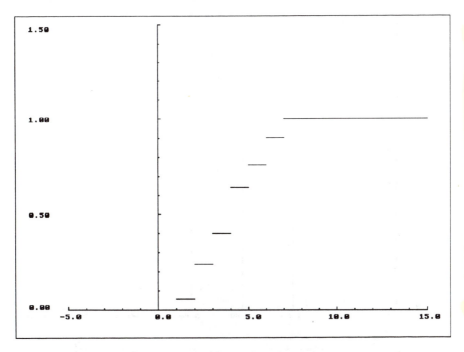

Abbildung A.1 Empirische Verteilungsfunktion zu Aufgabe 4.1.

4.2 Beobachtet wurden die Merkmalsausprägungen 2.5, 4, 5.7, 8, da an diesen Stellen die empirische Verteilungsfunktion Sprungstellen aufweist. Die relativen Häufigkeiten dieser Merkmalsausprägungen sind 0.2, 0.25, 0.35, 0.2. Die Höhe der Treppenstufen ist ein Vielfaches von $\frac{1}{n}$. Damit ist $\frac{1}{n}$ maximal 0.05, d.h. n mindestens 20.

4.3 Zur Klassierung s. Beispiel 5.2, natürlich sind auch andere Klassierungen möglich.

Klassengrenze	(15)	20	30	40	50	60	(65)
Summenhäufigkeit absolut	(0)	4	13	23	31	36	(40)
Summenhäufigkeit relativ	(0)	0.1	0.325	0.575	0.775	0.9	(1)

Bei offenen Randklassen „unter 20" und „über 60" entfallen die erste und die letzte Spalte.

§ 5

5.1 Siehe Abbildungen A.2-A.4.

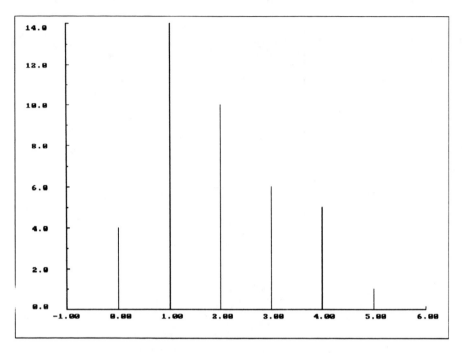

Abbildung A.2 Stabdiagramm zu Beispiel 4.5.

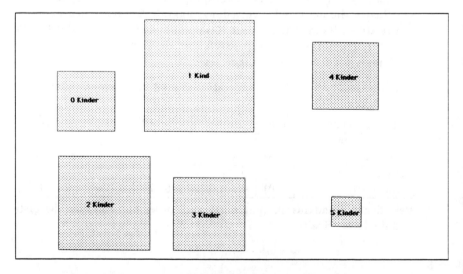

Abbildung A.3 Flächendiagramm zu Beispiel 4.5.

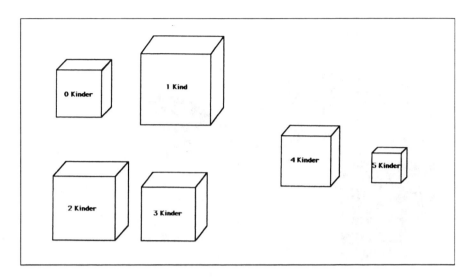

Abbildung A.4 Volumendiagramm zu Beispiel 4.5.

5.2 Es handelt sich um eine volumenproportionale Darstellung mit Würfeln, d.h. die Würfelkante muß proportional zur dritten Wurzel der angegebenen Größe sein. Z.B. muß die Kantenlänge bei „US-Dollar" um den Faktor
$$\frac{\sqrt[3]{455.2}}{\sqrt[3]{4.9}} = 4.53$$
länger sein als bei „Sonstige Währungen". Nachmessen der einzelnen Kantenlängen zeigt, daß die Verhältnisse im Rahmen der Meßgenauigkeit korrekt sind.

5.3 Siehe Abbildung A.5.

5.4 Siehe Abbildung A.6.

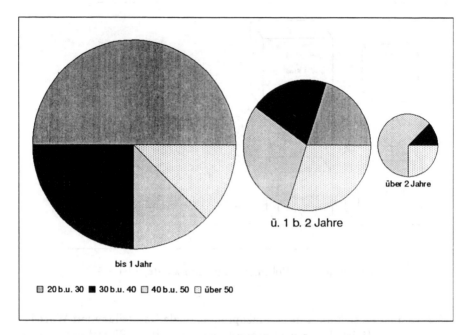

Abbildung A.5 Flächen/Kreissektorendiagramm zu Aufgabe 5.3.

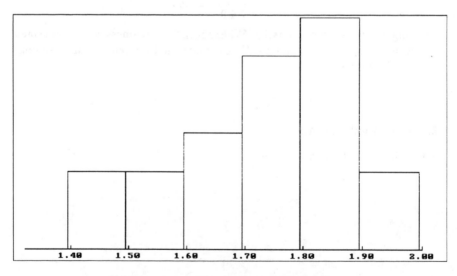

Abbildung A.6 Histogramm zu Beispiel 4.8.

A Lösungen

§ 6

6.1 Die Summenhäufigkeit ist nur dann in Intervallen konstant mit Wert 0.5, wenn das Intervall aus einer oder mehreren Klassen I besteht mit $h(I) = p(I) = 0$. Damit ist in einem solchen Fall $\min\{x \mid SF(x) = 0.5\}$ und $\max\{x \mid SF(x) = 0.5\}$ jeweils eine Klassengrenze und man verwendet als Zentralwert das arithmetische Mittel dieser beiden Werte.

6.2 Nach Tabelle 1 aus Beispiel 4.9 gilt:

$21815590\bar{x} = 2000 \cdot 1437719 + 6000 \cdot 1402518 + 10000 \cdot 1161213+$
$14000 \cdot 1101659 + 18000 \cdot 1204212 + 22500 \cdot 1809656+$
$27500 \cdot 2144733 + 35000 \cdot 4044985 + 45000 \cdot 2669989+$
$55000 \cdot 1821937 + 67500 \cdot 1483712 + 87500 \cdot 871009+$
$175000 \cdot 555715 + 375000 \cdot 75044 + 750000 \cdot 21108+$
$1500000 \cdot 6682 + 3500000 \cdot 2761 + 7500000 \cdot 616+$
$22000000 \cdot 259 = 2875438000 + 8415486000 + 11612130000+$
$15423226000 + 21675816000 + 40717260000 + 58980157500+$
$141574475000 + 120149505000 + 100206535000 + 100150560000+$
$76213287500 + 97250125000 + 28141500000 + 15831000000+$
$10023000000 + 9663500000 + 4620000000 + 5698000000 =$
$= 869221001000$

und damit $\bar{x} = 869221001000/21815590 = 39844.03 DM$.

Tabelle 2 entnimmt man einen Gesamtbetrag von 834829772 TDM für eine Personenzahl von 21815590 (s.Tab.1). Daraus erhält man einen mittleren Betrag an Einkünften von 38267.58 DM.

6.3 Voraussetzung für die Berechnung der Spannweite ist, daß es sich um ein quantitatives Merkmal handelt, bei klassierten Daten darf die Häufigkeit offener Randklassen nicht positiv sein. Man erhält:

Beispiel 4.1: $R = 7$,
Beispiel 4.2: $R = 47$,
Beispiel 4.5: $R = 5$,
Beispiel 4.7: $R = 1.92 - 1.47 = 0.45$ (aus den klassierten Daten $2.00 - 1.40 = 0.60$),
Beispiel 5.2: $63 - 16 = 47$,
Beispiel 5.3: Männer 85000, Frauen 60000 (Es wird hier auch deutlich, daß die Spannweite bei klassierten Daten stark durch die Wahl der Klassen beeinflußt werden kann.),
Beispiel 5.4: 70000,
Beispiel 6.5: a) 65,
Beispiel 6.8: 643 - 14 = 629,
Beispiel 6.18: a) 0 b) 8 c) 11.

6.4 Anschaulich wird diese Eigenschaft des Zentralwerts für ungerades n sofort klar[2]. Wählen wir m links des Zentralwerts,

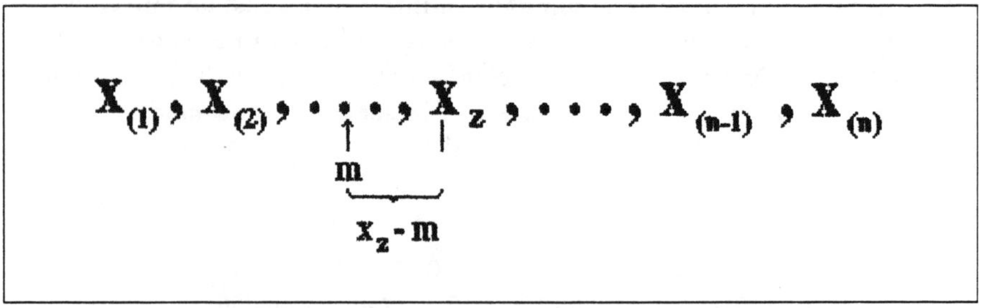

$$X_{(1)}, X_{(2)}, \ldots, \underset{m}{\uparrow}, \ldots, X_z, \ldots, X_{(n-1)}, X_{(n)}$$
$$\underbrace{}_{x_z - m}$$

Abbildung A.7 Mittlere absolute Abweichung mit Bezugspunkt m.

so haben wir für jeden Merkmalswert ab x_z aufwärts eine zusätzliche Abweichung von $x_z - m$, die dafür bei den Werten kleiner x_z wegfällt. Da aber die Werte von x_z aufwärts mehr als die Hälfte aller Werte sind, überwiegt dieser Teil.

Interessant ist aber, daß man zur Berechnung von d den Zentralwert gar nicht benötigt. Es gilt nämlich für n gerade mit $k = \frac{n}{2}$:

$$n \cdot d = \sum_{1 \leq i \leq k} (x_z - x_{(i)}) + \sum_{k \leq i \leq n} (x_{(i)} - x_z) = \sum_{1 \leq i \leq k} (x_{(n-i+1)} - x_{(i)}),$$

n ungerade mit $k = \frac{n-1}{2}$:

$$\begin{aligned} n \cdot d &= \sum_{i=1}^{k}(x_z - x_{(i)}) + (x_{(\frac{n+1}{2})} - x_z) + \sum_{i=k+2}^{n}(x_{(i)} - x_z) \\ &= \sum_{i=1}^{k}(x_{(n-i+1)} - x_{(i)}). \end{aligned}$$

Wir ziehen also immer den kleinsten vom größten, den zweitkleinsten vom zweitgrößten, usw. ab, bis wir in der Mitte ankommen. Danach wird durch n geteilt.

Analog zur oben skizzierten Beweisidee verfahren wir für gerades n: Es gilt für j mit $x_{(j)} \leq m < x_{(j+1)}$ und $j \leq n/2$

---

[2]vgl. Krämer, 1992, S. 32.

$$nd(m) = \sum_{i=1}^{j}(m - x_{(i)}) + \sum_{i=j+1}^{n-j}(x_{(i)} - m) + \sum_{i=n-j+1}^{n}(x_{(i)} - m)$$

$$= \sum_{i=1}^{j}(-x_{(i)}) + \sum_{i=n-j+1}^{n} x_{(i)} + \sum_{i=j+1}^{n-j}(x_{(i)} - m)$$

$$= \sum_{i=1}^{j}(x_{(n-i+1)} - x_{(i)}) + \sum_{i=j+1}^{n-j} x_{(i)} - (n - 2j)m.$$

Wegen $m \leq x_{(j+1)} \leq x_{(j+2)} \leq \cdots \leq x_{(n/2)}$ gilt weiter:

$$nd(m) \geq \sum_{i=1}^{j}(x_{(n-i+1)} - x_{(i)}) + \sum_{i=j+1}^{n-j} x_{(i)} - 2\sum_{i=j+1}^{n/2} x_{(i)}$$

$$= \sum_{i=1}^{j}(x_{(n-i+1)} - x_{(i)}) + \sum_{i=n/2+1}^{n-j} x_{(i)} - \sum_{i=j+1}^{n/2} x_{(i)}$$

$$= \sum_{i=1}^{j}(x_{(n-i+1)} - x_{(i)}) + \sum_{i=j+1}^{n/2}(x_{(n-i+1)} - x_{(i)})$$

$$= \sum_{i=1}^{n/2}(x_{(n-i+1)} - x_{(i)}) = nd.$$

Die Fälle $j > n/2$ und/oder n ungerade können analog durchgeführt werden.

6.5 Zentralwert ist 11:

$$d = (7 + 5 + 8 + 2 + 4 + 4 + 6 + 1 + 1 + 5 + 2 + 5) \cdot \frac{1}{12} = \frac{50}{12} = 4.1\bar{6}.$$

6.6

$$\frac{ds^2(m)}{dm} = \frac{1}{n}\sum_{i=1}^{n} 2(x_i - m)(-1) = -\frac{2\sum x_i}{n} + 2m = 0$$

$$\implies m = \frac{\sum x_i}{n} = \bar{x};$$

$$\frac{d^2 s^2(m)}{dm^2} = 2 > 0.$$

Also handelt es sich um ein Minimum.

6.7
$$s^2(m) = \frac{1}{n}\sum_{i=1}^{n}(x_i - m)^2 = \frac{1}{n}\sum_{i=1}^{n} x_i^2 + m^2 - 2m\frac{1}{n}\sum_{i=1}^{n} x_i$$
$$= \frac{1}{n}\sum_{i=1}^{n} x_i^2 - \bar{x}^2 + \bar{x}^2 - 2m\bar{x} + m^2 = s^2 + (\bar{x} - m)^2.$$

Auch hieraus folgt $s^2 = \min_{m \in \mathbb{R}} s^2(m)$.

6.8 a) Modalwerte: 4 und 7; Zentralwert: 7; Arithmetisches Mittel: 11.
  b) Spannweite $R = 2.55 - 1.99 = 0.56$;
     Varianz: 0.02608; Standardabweichung: 0.1615;
     Variationskoeffizient: 0.071.

6.9 Modalwert: 6 ($p(6) = 0.3 = \max p(a)$),
    Zentralwert: 6 (SF(4) = 0.4 < 0.5 und SF(6) = 0.7 > 0.5),
    Arithm. Mittel: $0 \cdot 0.15 + 2 \cdot 0.2 + 4 \cdot 0.05 + 6 \cdot 0.3 + 8 \cdot 0.2 + 10 \cdot 0.1 = 5$,
    Spannweite: $10 - 0 = 10$,
    Varianz: $25 \cdot 0.15 + 9 \cdot 0.2 + 1 \cdot 0.05 + 1 \cdot 0.3 + 9 \cdot 0.2 + 25 \cdot .1 = 10.2$,
    Standardabweichung: $\sqrt{10.2} = 3.19$,
    Variationskoeffizient: $\frac{3.19}{5} = 0.638$.

6.10

Alter	[0, 6)	[6, 11)	[11, 21)	[21, 31)	[31, 51)	[51, 71)	[71,101)
Anzahl	364	728	1029	1820	1456	1092	728

$n = 7217$

Lageparameter: modale Klasse ist [21, 31).

$$\bar{x} = \frac{1}{7217}(3 \cdot 364 + 8.5 \cdot 728 + 16 \cdot 1029 + 26 \cdot 1820$$
$$+ 41 \cdot 1456 + 61 \cdot 1092 + 86 \cdot 728)$$
$$= \frac{258.888}{7217} = 35.87,$$

Feinberechneter Zentralwert:

Einfallsklasse $I_E = [21, 31)$.

$$F(\alpha_E) = 0.294, \quad F(\beta_E) = 0.546$$

$$x_z = \alpha_E + \frac{\frac{1}{2} - F(\alpha_E)}{F(\beta_E) - F(\alpha_E)} \cdot (\beta_E - \alpha_E)$$
$$= 21 + \frac{0.5 - 0.294}{0.546 - 0.294} \cdot (31 - 21) = 29.18.$$

A Lösungen

Streuungsparameter:

$$\begin{aligned}
\text{Varianz } s^2 &= \frac{1}{n}\sum_I (z_I - \bar{x})^2 \cdot h(I) \\
&= \frac{1}{7217}((3 - 35.87)^2 \cdot 364 + (8.5 - 35.87)^2 \cdot 728 \\
&\quad + (16 - 35.87)^2 \cdot 1029 + (26 - 35.87)^2 \cdot 1820 \\
&\quad + (41 - 35.87)^2 \cdot 1456 + (61 - 35.87)^2 \cdot 1092 \\
&\quad + (86 - 35.87)^2 \cdot 728) \\
&= 565.28.
\end{aligned}$$

Standardabweichung:
$$s = \sqrt{s^2} = 23.78.$$

Mittlere absolute Abweichung:

$$\begin{aligned}
d &= \frac{1}{n}\sum_I |z_I - x_z| h(I) \\
&= \frac{1}{7217}(|3 - 29.18| \cdot 364 + |8.5 - 29.18| \cdot 728 + |16 - 29.18| \cdot 1029 \\
&\quad + |26 - 29.18| \cdot 1820 + |41 - 29.18| \cdot 1456 + |61 - 29.18| \cdot 1092 \\
&\quad + |86 - 29.18| \cdot 728) \\
&= 19.02.
\end{aligned}$$

Variationskoeffizient:
$$v = \frac{s}{\bar{x}} = \frac{23.78}{35.87} = 0.66.$$

6.11

$$\begin{aligned}
q_{0.2} &= \frac{1}{2} \cdot (3 + 4) = 3.5, \\
q_{0.6} &= 11, \\
q_{0.25} &= 4, \\
q_{0.5} &= 7, \\
q_{0.75} &= 17, \\
QA &= q_{0.75} - q_{0.25} = 13,
\end{aligned}$$

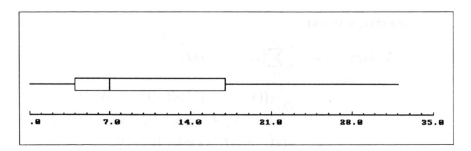

Abbildung A.8 Boxplot zu Aufgabe 6.11.

§ 7

7.1 a) Diese Eigenschaft folgt unmittelbar aus der Definition.

b) Ergibt sich aus den Eigenschaften a) und d) oder direkt aus folgender Eigenschaft des arithmetischen Mittels:
Das arithmetische Mittel der Werte $x_{(1)}, ..., x_{(k)}$ ist nicht größer als das arithmetische Mittel aller Werte $x_{(1)}, ..., x_{(n)}$.

c) Folgt direkt aus der Voraussetzung $x_{(i)} \geq 0$.

d) Die Steigung vor dem Punkt (u_k, v_k) ist:

$$\frac{v_k - v_{k-1}}{u_k - u_{k-1}} = \frac{\frac{x_{(k)}}{\overline{x}}}{\frac{1}{n}} = \frac{n x_{(k)}}{\overline{x}}.$$

Die Steigung anschließend errechnet sich in gleicher Weise zu:

$$\frac{n x_{(k+1)}}{\overline{x}}$$

Wegen $x_{(k+1)} \geq x_{(k)}$ folgt die Behauptung. Falls $x_{(k+1)} > x_{(k)}$ ist, ist die Steigung rechts von (u_k, v_k) größer, in (u_k, v_k) hat die Lorenzkurve dann einen Knick.

7.2 Aus der Lösung der Übungsaufgabe 7.1 Punkt d) ergibt sich, daß bei $x_{(k)} = x_{(k+1)}$ die Steigung vor und nach (u_k, v_k) übereinstimmt und damit die Behauptung gilt.

7.3

$$G = \sum_{i=0}^{n-1} (u_{i+1} - u_i)(u_i - v_i + u_{i+1} - v_{i+1})$$

$$\begin{aligned}
&= \sum_{i=0}^{n-1}(\frac{i+1}{n} - \frac{i}{n})(u_i - v_i + u_{i+1} - v_{i+1}) \\
&= \frac{1}{n}(\sum_{i=1}^{n-1}(u_i - v_i) + \sum_{i=1}^{n}(u_i - v_i)) && (u_0 = v_0 = 0) \\
&= \frac{1}{n}\left(2\sum_{i=1}^{n}(u_i - v_i)\right) && (u_n = v_n = 1) \\
&= \frac{1}{n}2\sum_{i=1}^{n}\left(\frac{i}{n} - \sum_{j=1}^{i}\frac{x_{(j)}}{x}\right) && \text{mit } x = \sum_{j=1}^{n}x_{(j)} \\
&= \frac{1}{nx}2\left(\sum_{i=1}^{n}\frac{i}{n}x - \sum_{i=1}^{n}\sum_{j=1}^{i}x_{(j)}\right) \\
&= \frac{1}{nx}\left(2\frac{x}{n}\sum_{i=1}^{n}i - 2(nx_{(1)} + (n-1)x_{(2)} + ... + x_{(n)})\right) \\
&= \frac{1}{nx}\left(2\frac{x}{n}\frac{n(n+1)}{2} - 2\sum_{i=1}^{n}(n-i+1)x_{(i)}\right) \\
&= \frac{1}{nx}\left(x(n+1) - 2n\sum_{i=1}^{n}x_{(i)} + 2\sum_{i=1}^{n}ix_{(i)} - 2\sum_{i=1}^{n}x_{(i)}\right) \\
&= \frac{1}{nx}\left(2\sum_{i=1}^{n}ix_{(i)} - 2(n+1)x + (n+1)x\right) \\
&= \frac{1}{nx}(2\sum_{i=1}^{n}ix_{(i)} - (n+1)x).
\end{aligned}$$

7.4 Ginikoeffizient ist in allen drei Fällen 0.3, wie man durch Einsetzen in die Formel, oder direkt aus der Grafik A.9 entnehmen kann. Die gestrichelten Strecken haben nämlich jeweils die Länge 0.3, so daß die Fläche zwischen Lorenzkurve und Diagonale in allen drei Flächen einem Dreieck mit der Grundlinie 0.3 und der Höhe 1 entspricht, also $\frac{1}{2} \cdot 0.3 \cdot 1 = 0.15$ ist.

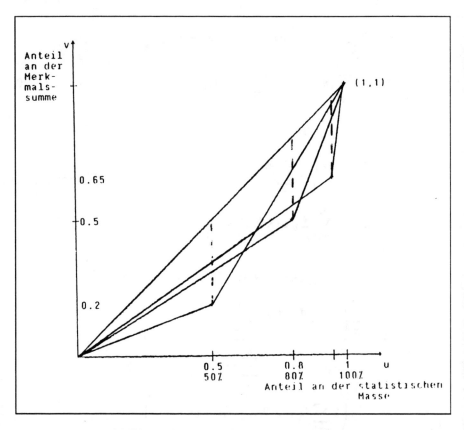

Abbildung A.9 Lorenzkurven zu Aufgabe 7.4.

7.5 Aus Tabelle 1 aus Beispiel 4.9 und den Ergebnissen von Übungsaufgabe 6.2 erhält man die Koordinaten (u_k, v_k) der Lorenzkurve:

A Lösungen

$\sum z_I h(I)$	v_k	$\sum h(I)$	u_k
2875438000	0.00331	1437719	0.06590
11290924000	0.01299	2840300	0.13020
22903054000	0.02635	4001513	0.18342
38326280000	0.04409	5103172	0.23392
60002096000	0.06903	6307384	0.28912
100719356000	0.11587	8117040	0.37208
159699513500	0.18373	10261773	0.47039
301273988500	0.34660	14306758	0.65580
421423493500	0.48483	16976747	0.77819
521630028500	0.60011	18798684	0.86171
621780588500	0.71533	20282396	0.92972
697993876000	0.80301	21153405	0.96965
795244001000	0.91489	21709120	0.99512
823385501000	0.94727	21784164	0.99856
839216501000	0.96548	21805272	0.99953
849239501000	0.97701	21811954	0.99983
858903001000	0.98813	21814715	0.99996
863523001000	0.99344	21815331	0.99999
869221001000	1.00000	21815590	1.00000

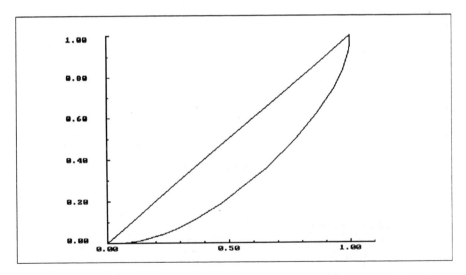

Abbildung A.10 Lorenzkurve zu den Einkünften 1983 (s. Beispiel 4.9).

Aus diesen Werten ergibt sich ein Gini-Koeffizient von $G = 0.44831$. Verwendet man als Merkmalssummen die Werte aus Tabelle 2, so erhält man $G = 0.4293$.

7.6 Setzt man

$q_i = \frac{x_i}{\sum x_i}$ für $i = 1,...,n$, so erhält man $\bar{q} = \frac{1}{n}$, und damit

$$s_q^2 = \frac{1}{n}\sum q_i^2 - (\frac{1}{n})^2 \geq 0, \text{ also } \sum q_i^2 \geq \frac{1}{n}.$$

Mit $\sum q_i = 1$ und $q_i \geq 0$ folgt, daß $q = (q_1,...,q_n)$ innerhalb der Kugel mit Radius 1 um den Nullpunkt liegt, d.h. $\sum q_i^2 \leq 1$. Die Werte 1 bzw. $1/n$ erhält man in den beiden Extremfällen aus § 7.

7.7 Geordnete Urliste: 2,4,5,6,8; Merkmalssumme: 25.

u_k	0	0.2	0.4	0.6	0.8	1
v_k	0	0.08	0.24	0.44	0.68	1

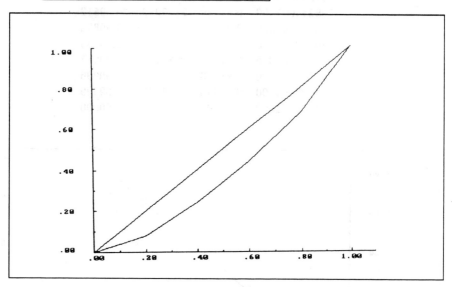

Abbildung A.11 Lorenzkurve zu Aufgabe 7.7.

7.8

Merkmalsausprägung	10	20	30
rel. Häufigkeit	0.25	0.45	0.3

u_k	0	0.25	0.7	1
v_k	0	0.135	0.514	1

$$\begin{aligned} G &= 0.25 \cdot (0.25 - 0.135) + 0.45 \cdot (0.25 - 0.135 + 0.7 - 0.514) \\ &\quad + 0.3 \cdot (0.7 - 0.514) \\ &= 0.1899 \end{aligned}$$

A Lösungen

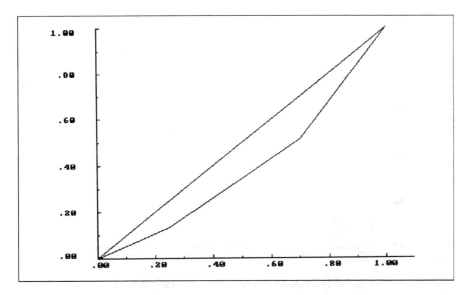

Abbildung A.12 Lorenzkurve zu Aufgabe 7.8.

Eine Berechnung des normierten Gini-Koeffizienten ist nicht möglich, da die Anzahl der Personen nicht bekannt ist.

7.9 Für die Werte $z_I p(I)$ der einzelnen Klassen ergibt sich

Anzahl	1-5	6-10	11-15	16-20	21-25
Klassen-mitte	3	8	13	18	23
relative Häufigkeit	0.10	0.35	0.25	0.20	0.10
$z_I p(I)$	0.3	2.8	3.25	3.6	2.3

Daraus ergeben sich die Koordinaten

u_k	0	0.1	0.45	0.7	0.9	1
v_k	0	0.025	0.253	0.518	0.812	1

und die Lorenzkurve in Abbildung A.13.
Der Ginikoeffizient beträgt 0.2602.

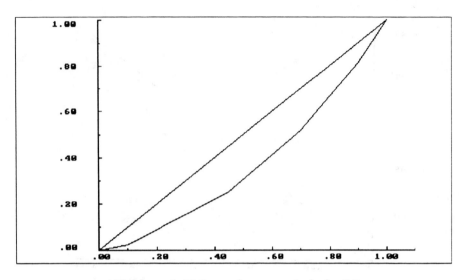

Abbildung A.13 Lorenzkurve zu Aufgabe 7.9.

§ 8

8.1

	20 bis unter 30	30 bis unter 40	40 bis unter 50	über 50
bis 1 Jahr	0.8	0.615	0.267	0.333
über 1 bis 2 Jahre	0.2	0.308	0.400	0.500
über 2 Jahre	–	0.077	0.333	0.167

Die bedingten relativen Häufigkeitsverteilungen sind unterschiedlich. Damit sind die Merkmale abhängig.

8.2

	Tennis	Fußball	Sonstige
weiblich	0.571	0.571	0.750
männlich	0.429	0.429	0.250

Die Merkmale sind abhängig, da die bedingten relativen Häufigkeitsverteilungen nicht übereinstimmen.

8.3

	ledig	verh.	gesch.	verw.	
w	3	18	6	3	30
m	2	12	4	2	20
	5	30	10	5	50

A. Lösungen

§ 9

9.1

$$\chi^2 = \sum_{\substack{a \in M_1 \\ h(a) \neq 0}} \sum_{\substack{b \in M_2 \\ h(b) \neq 0}} \frac{(h(a,b) - \frac{h(a) \cdot h(b)}{n})^2}{\frac{h(a) \cdot h(b)}{n}}$$

$$= \sum_{\substack{a \in M_1 \\ p(a) \neq 0}} \sum_{\substack{b \in M_2 \\ p(b) \neq 0}} \frac{(np(a,b) - \frac{np(a) \cdot np(b)}{n})^2}{\frac{np(a) \cdot np(b)}{n}}$$

$$= \sum_{\substack{a \in M_1 \\ p(a) \neq 0}} \sum_{\substack{b \in M_2 \\ p(b) \neq 0}} \frac{(np(a,b) - np(a)p(b))^2}{np(a)p(b)}$$

$$= \sum_{\substack{a \in M_1 \\ p(a) \neq 0}} \sum_{\substack{b \in M_2 \\ p(b) \neq 0}} \frac{n^2(p(a,b) - p(a)p(b))^2}{np(a)p(b)}$$

$$= \sum_{\substack{a \in M_1 \\ p(a) \neq 0}} \sum_{\substack{b \in M_2 \\ p(b) \neq 0}} \frac{n(p(a,b) - p(a)p(b))^2}{p(a)p(b)}$$

9.2 folgt unmittelbar aus Übungsaufgabe 9.1 .

9.3 Wenn jede aufgetretene Merkmalsausprägung von Merkmal 1 in Kombination mit höchstens einer Merkmalsausprägung von Merkmal 2 auftritt und umgekehrt, so ist die Anzahl der aufgetretenen Merkmalsausprägungen bei beiden Merkmalen übereinstimmend. Durch eine Umnumerierung der Merkmalsausprägungen kann erreicht werden, daß die Merkmalsausprägung a_1 mit (und nur mit) b_1, a_2 mit b_2, usw. auftritt.

a) Da jede Kombination höchstens einmal auftritt, ist $h(a_i, b_i) = 1$ und $h(a_i, b_j) = 0$ für $i \neq j$. Damit ist

$$\chi^2 = \sum_{i=1}^{k} \frac{(1 - \frac{1}{k})^2}{\frac{1}{k}} + \sum_{\substack{i=1 \\ i \neq j}}^{k} \sum_{j=1}^{k} \frac{(0 - \frac{1}{k})^2}{\frac{1}{k}} = k(\frac{k-1}{k})^2 k + k(k-1)\frac{1}{k}$$

$$= (k-1)^2 + (k-1) = (k-1)(k-1+1) = (k-1)k$$

und

$$C^2 = \frac{(k-1)k}{k + (k-1)k} = \frac{k-1}{k}.$$

b) Sei $h_i = h(a_i, b_i)$. Dann ist

$$\begin{aligned}
\chi^2 &= \sum_{i=1}^{k} \frac{(h_i - \frac{h_i^2}{n})^2}{\frac{h_i^2}{n}} + \sum_{\substack{i=1\\i\neq j}}^{k}\sum_{j=1}^{k} \frac{(0 - \frac{h_i h_j}{n})^2}{\frac{h_i h_j}{n}} \\
&= \sum_{i=1}^{k} \frac{h_i^2(1 - \frac{h_i}{n})^2}{\frac{h_i^2}{n}} + \sum_{\substack{i=1\\i\neq j}}^{k}\sum_{j=1}^{k} \frac{h_i h_j}{n} \\
&= \sum_{i=1}^{k} n(1 - p_i)^2 + \sum_{i=1}^{k} h_i \sum_{\substack{j=1\\j\neq i}}^{k} p_j \qquad \text{mit } p_j = \frac{h_j}{n} \\
&= \sum_{i=1}^{k} n(1 - p_i)^2 + \sum_{i=1}^{k} h_i(1 - p_i) \\
&= \sum_{i=1}^{k} (1 - p_i)(n(1 - p_i) + h_i) \\
&= \sum_{i=1}^{k} (1 - p_i)(n - np_i + h_i) \\
&= \sum_{i=1}^{k} (1 - p_i)n = \sum_{i=1}^{k} (n - h_i) = kn - \sum_{i=1}^{k} h_i = n(k - 1).
\end{aligned}$$

Damit ist

$$C^2 = \frac{n(k-1)}{n + n(k-1)} = \frac{n(k-1)}{nk} = \frac{k-1}{k}.$$

9.4 Häufigkeitstabelle:

	0	1	2	3	über 3	$\sum$
m	503	155	48	21	5	732
w	231	23	8	4	2	268
	734	178	56	25	7	1000

bzw. relativ

	0	1	2	3	über 3	
m	.503	.155	.048	.021	.005	.732
w	.231	.023	.008	.004	.002	.268
	.734	.178	.056	.025	.007	1

Die bedingten relativen Häufigkeiten der Anzahl an Schadensfällen mit der Bedingung „männlich" bzw. „weiblich" sind:

A Lösungen

	0	1	2	3	über 3	$\sum$
m	$\frac{503}{732}$	$\frac{155}{732}$	$\frac{48}{732}$	$\frac{21}{732}$	$\frac{5}{732}$	1

	0	1	2	3	über 3	$\sum$
m	$\frac{231}{268}$	$\frac{23}{268}$	$\frac{8}{268}$	$\frac{4}{268}$	$\frac{2}{268}$	1

Da beispielsweise $\frac{4}{268}$ deutlich verschieden von $\frac{21}{732}$ ist, sind die Merkmale abhängig. Als Maß der Abhängigkeit kann der Kontingenzkoeffizient berechnet werden:

	0		1		2		3		über 3		
m	503	858.5	155	610.1	48	62.4	21	7.3	5	0.0	732
	29.3	537.3	24.7	130.3	7.9	40.1	2.7	18.3	.1	5.1	
w	231	1176.5	23	610.1	8	49	4	7.3	2	0.0	268
	34.3	196.7	24.7	47.7	7	15	2.7	6.7	.1	1.9	
	734		178		56		25		7		1000

Damit ist:

$$\chi^2 = \frac{858.5}{537.3} + \frac{610.1}{130.3} + \frac{62.4}{40.1} + \frac{7.3}{18.3} + 0$$
$$+ \frac{1176.5}{196.7} + \frac{610.1}{47.7} + \frac{49}{15} + \frac{7.3}{6.7} + 0 = 31.4,$$

$$C = \sqrt{\frac{\chi^2}{n + \chi^2}} = 0.17,$$

$$C_{corr} = \sqrt{2} \cdot 0.17 = 0.24.$$

Der Zusammenhang ist damit vorhanden, aber nicht sehr stark.

9.5

	Chemie	Metall	Sonstige
Stadt X	0.36	0.18	0.45
Stadt Y	0.33	0.28	0.39

Es liegt keine Unabhängigkeit vor, da die bedingten Häufigkeitsverteilungen nicht übereinstimmen.

8	0.09	4	0.90	10	0.42	22
0.3	7.7	0.95	4.95	0.65	9.35	
6	0.09	5	0.90	7	0.42	18
0.3	6.3	0.95	4.05	0.65	7.65	
14		9		17		40

$$\chi^2 = \frac{0.09}{7.7} + \frac{0.90}{4.95} + \frac{0.42}{9.35} + \frac{0.09}{6.3} + \frac{0.90}{4.05} + \frac{0.42}{7.65} = 0.53.$$

$$C = \sqrt{\frac{0.53}{40.53}} = 0.114; \quad C_{korr} = \sqrt{2} \cdot 0.114 = 0.161.$$

§ 10

10.1 Partielle Ableitung nach m:

$$2\sum_{i=1}^{n}(y_i - mx_i - b)(-x_i)$$

Partielle Ableitung nach b:

$$2\sum_{i=1}^{n}(y_i - mx_i - b)(-1)$$

Nullsetzen der partiellen Ableitungen und Auflösen nach m und b ergibt die angegebenen Lösungen. Die Optimierungsaufgabe besitzt eine Lösung, da die Funktion stetig ist in m und b, durch 0 nach unten beschränkt ist und für m und/oder b gegen $+\infty$ bzw. $-\infty$ über alle Grenzen wächst. Damit ist die eindeutig bestimmte Lösung für m und b (falls der Nenner von 0 verschieden) die einzige Minimalstelle der Funktion.

10.2

	1	2	3	4	5	6	7	8	$\sum$
x_i	5	8	6	10	12	7	11	9	68
x_i^2	25	64	36	100	144	49	121	81	620
y_i	8	1	1	4	5	7	2	3	31
y_i^2	64	1	1	16	25	49	4	9	169
$x_i y_i$	40	8	6	40	60	49	22	27	252

$$\hat{m} = \frac{8 \cdot 252 - 68 \cdot 31}{8 \cdot 620 - 68^2} = -0.27,$$

$$\hat{b} = \frac{620 \cdot 31 - 68 \cdot 252}{8 \cdot 620 - 68^2} = 6.2.$$

10.3

	1	2	3	4	5	6	7	8	9	10	$\sum$
x	5	10	2	7	8	6	3	1	11	10	63
y	5	1	8	3	2	4	6	9	0	0	38
x^2	25	100	4	49	64	36	9	1	121	100	509
y^2	25	1	64	9	4	16	36	81	0	0	236
xy	25	10	16	21	16	24	18	9	0	0	139

$$\hat{m} = \frac{Cov(x,y)}{s_x^2} = \frac{-10.04}{11.21} = -0.90,$$

$$\hat{b} = \bar{y} - \hat{m}\bar{x} = 3.8 - (-0.9) \cdot 6.3 = 9.47.$$

10.4 Mit Formel (5) erhält man für die transformierten Werte:

$$\hat{\hat{m}} = \frac{n\sum_{i=1}^{n}(\lambda x_i + \beta)y_i - \sum_{i=1}^{n}(\lambda x_i + \beta)\sum_{i=1}^{n} y_i}{n\sum_{i=1}^{n}(\lambda x_i + \beta)^2 - \left(\sum_{i=1}^{n}(\lambda x_i + \beta)\right)^2}$$

$$= \frac{n\lambda \sum_{i=1}^{n} x_i y_i + n\beta \sum_{i=1}^{n} y_i - \left(\lambda \sum_{i=1}^{n} x_i \sum_{i=1}^{n} y_i + n\beta \sum_{i=1}^{n} y_i\right)}{n\left(\lambda^2 \sum_{i=1}^{n} x_i^2 + 2\lambda\beta \sum_{i=1}^{n} x_i + n\beta^2\right) - \left(\lambda^2 \left(\sum_{i=1}^{n} x_i\right)^2 + 2n\lambda\beta \sum_{i=1}^{n} x_i + n^2\beta^2\right)}$$

$$= \frac{\lambda\left(n\sum_{i=1}^{n} x_i y_i - \sum_{i=1}^{n} x_i \sum_{i=1}^{n} y_i\right)}{\lambda^2\left(n\sum_{i=1}^{n} x_i^2 - \left(\sum_{i=1}^{n} x_i\right)^2\right)} = \frac{1}{\lambda}\hat{m}.$$

Eingesetzt in (6) fogt daraus:

$$\hat{\hat{b}} = \bar{y} - \frac{1}{\lambda}\hat{m}(\lambda\bar{x} + \beta) = \bar{y} - \hat{m}\bar{x} - \frac{1}{\lambda}\hat{m}\beta$$
$$= \hat{b} - \frac{1}{\lambda}\hat{m}\beta$$
$$= \hat{b} - \hat{\hat{m}}\beta.$$

§ 11

11.1 Mit Hilfe der Tabelle bei der Lösung von 10.2 erhalten wir:

$$Cov(x,y) = \frac{1}{n}\sum_i x_i y_i - \overline{x}\,\overline{y} = \frac{1}{252} - 8.5 \cdot 3.88 = -1.48.$$

$$s_x^2 = \frac{1}{n}\sum_i x_i^2 - \overline{x}^2 = \frac{1}{8} \cdot 620 - 8.5^2 = 5.25; \qquad s_x = 2.29$$

$$s_y^2 = \frac{1}{8} \cdot 169 - 3.88^2 = 6.11; \qquad s_y = 2.47$$

$$r = \frac{Cov(x,y)}{s_x \cdot s_y} = \frac{-1.48}{2.29 \cdot 2.47} = -0.26.$$

Analog bei Aufgabe 10.2:

$$r = \frac{13.9 - 23.94}{\sqrt{50.9 - 39.69} \cdot \sqrt{23.6 - 14.44}} = \frac{-10.04}{3.35 \cdot 3.03} = -0.99.$$

Die Merkmale sind (stark) negativ korreliert, r nahe bei -1 rechtfertigt ohne jeden Zweifel eine lineare Regression.

11.2

r	1	6	2.5	11	8	2.5	6	4	6	9	10
s	1	6	8	3	4	5	11	10	9	7	2
$r-s$	0	0	5.5	8	4	2.5	5	6	3	2	8

$$r_s = 1 - \frac{\sum_i (r_i - s_i)^2}{n(n^2 - 1)}$$
$$= 1 - \frac{6 \cdot 254.5}{11 \cdot 120} = -0.157.$$

11.3

Stunden	0.0	1.5	3.0	3.0	4.0	4.5	5.0	2.0	23
Punkte	25	15	30	35	50	45	55	30	285
Stunden^2	0.0	2.25	9.0	9.0	16	20.25	25	4.0	85.5
Punkte^2	625	225	900	1225	2500	2025	3025	900	11425
Stunden · Punkte	0.0	22.5	90	105	200	202.5	275	60	955

$$r = \frac{\frac{1}{2}955 - \frac{23}{8}\frac{285}{8}}{\sqrt{\frac{85.5}{8} - \left(\frac{25}{8}\right)^2}\sqrt{\frac{11425}{8} - \left(\frac{285}{8}\right)^2}} = 0.875.$$

§ 12

12.1 Durch gleitende Durchschnitte der Ordnung 3 erhalten wir die geglättete Zeitreihe:

1.3.89	1.7.89	1.11.89	1.3.90	1.7.90	1.11.90	1.3.91
	325	328.3	333.3	336.7	341.7	345

1.7.91	1.11.91	1.3.92
348.3	351.7	

Die Differenz der beiden Zeitreihen ist:

1.3.89	1.7.89	1.11.89	1.3.90	1.7.90	1.11.90	1.3.91
	30	-8.3	-23.3	33.3	-11.7	-20

1.7.91	1.11.91	1.3.92
31.7	-11.7	

Mittelwertbildung über Werte mit demselben Jahresbezug liefert:

1.7.: 30, 33.3, 31.7 $s_{1.7.} = 31.7$
1.11.: -8.3, -11.7, -11.7 $s_{1.11.} = -10.6$
1.3.: -23.3, -20 $s_{1.3.} = -21.7$

Der Durchschnitt dieser Werte ist -0.2.

A Lösungen

Damit lautet die Saisonfigur:

$$s_{1.7.} = 31.9, s_{1.11.} = -10.4, s_{1.3.} = -21.5.$$

Die saisonbereinigte Zeitreihe ist damit

1.3.89	1.7.89	1.11.89	1.3.90	1.7.90	1.11.90	1.3.91	1.7.91	1.11.91	1.3.92
321.5	323.1	330.4	331.5	338.1	340.4	346.5	348.1	350.8	356.5

12.2 Die gleitenden Durchschnitte der Ordung 4 sind:

1.2.89	1.5.89	1.8.89	1.11.89	1.2.90	1.5.90	1.8.90
		19.875	20.5	20.875	21.125	21.125

1.11.90	1.2.91	1.5.91	1.8.91	1.11.91	1.2.92	1.5.92	1.8.92
21.125	21.5	21.875	22.5	23.25	23.375		

Zeitreihe - gleitende Durchschnitte:

1.2.89	1.5.89	1.8.89	1.11.89	1.2.90	1.5.90	1.8.90
		5.125	-2.5	-2.875	0.875	4.875

1.11.90	1.2.91	1.5.91	1.8.91	1.11.91	1.2.92	1.5.92	1.8.92
-2.125	-4.5	1.125	5.5	-3.25	-2.375		

Durchschnittswerte über die Saison:

1.8.	1.11	1.2.	1.5.	Mittel
5.167	-2.625	-3.25	1	0.0729

Damit lauten die Saisonkoeffizienten:

1.8.	1.11.	1.2.	1.5.
5.094	-2.698	-3.229	0.927

Saisonbereinigte Zeitreihe ist:

1.2.89	1.5.89	1.8.89	1.11.89	1.2.90	1.5.90	1.8.90
18.32	19.07	19.91	20.70	21.33	21.07	20.91

1.11.90	1.2.91	1.5.91	1.8.91	1.11.91	1.2.92	1.5.92	1.8.92
21.70	20.32	22.07	22.91	22.70	24.32	24.07	21.91

§ 13

13.1 Anpassungsweiterbildung: 803:679 = 118%,

Aufstiegsweiterbildung: 340:237 = 143%,

Fachübergreifende und gesellschaftspolitische Weiterbildung: 100%,

Fachtagungen und Kongresse: 82%,

Qualifizierungen des Aus- und Weiterbildungspersonals: 89%,

Umschulung: 146%,

Insgesamt: 113%.

13.2 Kapazitätsauslastung: Gliederungszahl,

Überstunden pro Jahr und Arbeiter: Beziehungszahl und zwar Entsprechungszahl,

Bruttolohn- und -gehaltssumme in Prozent des Umsatzes: Beziehungszahl/Entsprechungszahl

§ 14

14.1

Jahr	Gut 1		Gut 2	
	q	p	q	p
0	500	40	1000	20
t	1000	20	500	40

Bei diesen Daten ist $PL_0^t = 125\%$ und $PP_0^t = 80\%$. Vertauschen der Jahre ergibt entsprechend vertauschte Werte.

14.2
$$PME_0^t = \frac{\sum_{i=1}^{n}(q_i^0 + q_i^t)p_i^t}{\sum_{i=1}^{n}(q_i^0 + q_i^t)p_i^0} = \sum_{i=1}^{n} \frac{(q_i^0 + q_i^t)p_i^0}{\sum_{j=1}^{n}(q_j^0 + q_j^t)p_j^0} \cdot \frac{p_i^t}{p_i^0}$$

Die Gewichte der einzelnen Preismeßzahlen ergeben sich aus dem Anteil der einzelnen Güter am fiktiven Umsatz mit den Preisen des Basisjahres und dem arithmetischen Mittel der Quantitäten aus Basis- und Berichtsjahr.

14.3
$$ML_0^t = \frac{\sum_{i=1}^{n} q_i^t p_i^0}{\sum_{i=1}^{n} q_i^0 p_i^0} = \sum_{i=1}^{n} \frac{q_i^0 p_i^0}{\sum_{j=1}^{n} q_j^0 p_j^0} \cdot \frac{q_i^t}{q_i^0}$$

$$MP_0^t = \frac{\sum_{i=1}^{n} q_i^t p_i^t}{\sum_{i=1}^{n} q_i^0 p_i^t} = \sum_{i=1}^{n} \frac{q_i^0 p_i^t}{\sum_{j=1}^{n} q_j^0 p_j^t} \cdot \frac{q_i^t}{q_i^0}$$

$$MME_0^t = \frac{\sum_{i=1}^{n} q_i^t (p_i^0 + p_i^t)}{\sum_{i=1}^{n} q_i^0 (p_i^0 + p_i^t)} = \sum_{i=1}^{n} \frac{q_i^0 (p_i^0 + p_i^t)}{\sum_{j=1}^{n} q_j^0 (p_j^0 + p_j^t)} \cdot \frac{q_i^t}{q_i^0}$$

Für Fishers idealen Mengenindex ist eine Darstellung dieser Art nicht möglich.

14.4
$$PL_{70}^{89} = \frac{30 \cdot 10 + 10 \cdot 35 + 5 \cdot 60}{30 \cdot 5 + 10 \cdot 8 + 5 \cdot 10} = \frac{950}{280} = 3.39.$$

$$PP_{70}^{89} = \frac{10 \cdot 10 + 2 \cdot 35 + 6 \cdot 60}{10 \cdot 5 + 2 \cdot 8 + 6 \cdot 10} = \frac{530}{126} = 4.21.$$

Durch Berechnung eines Mengenindex.

14.5 Werden Basis- und Berichtsjahr vertauscht, so sind die ursprünglich aktuellen Quantitäten und Preise jetzt die alten. Aus dem Preisindex nach Laspeyres wird damit der Kehrwert des Preisindex nach Paasche und umgekehrt.

14.6
$$PL = \frac{100 \cdot 1.2 + 40 \cdot 6 + 15 \cdot 11}{100 \cdot 1 + 40 \cdot 5 + 15 \cdot 10} = \frac{525}{450} = 1.167.$$

$$PP = \frac{100 \cdot 1.2 + 30 \cdot 6 + 20 \cdot 11}{100 \cdot 1 + 30 \cdot 5 + 20 \cdot 10} = \frac{520}{450} = 1.156,$$

$$PF = \sqrt{1.167 \cdot 1.156} = 1.16,$$

$$ML = \frac{100 \cdot 1 + 30 \cdot 5 + 20 \cdot 10}{100 \cdot 1 + 40 \cdot 5 + 15 \cdot 10} = \frac{450}{450} = 1,$$

$$MP = \frac{100 \cdot 1.2 + 30 \cdot 6 + 20 \cdot 11}{100 \cdot 1.2 + 40 \cdot 6 + 15 \cdot 11} = \frac{520}{525} = 0.99,$$

$$MF = \sqrt{1 \cdot 0.99} = 0.995.$$

14.7 Durch die Verkürzung des Urlaubs ändert sich nichts, denn bei Verwendung der Quantitäten geht die Anzahl der Tage in Zähler und Nenner in gleicher Weise als Faktor ein. Man kann sich also von vornherein auf einen Tag beschränken.

$$PP_0^t = \frac{3 \cdot 3 + 2 \cdot 4.5 + 1 \cdot 5.5 + 1 \cdot 10 + 1 \cdot 1.9}{3 \cdot 2.5 + 2 \cdot 5 + 1 \cdot 6 + 1 \cdot 8 + 1 \cdot 6} = \frac{42.5}{37.5} = 1.1\bar{3},$$

$$PL_0^t = \frac{4 \cdot 3 + 2 \cdot 4.5 + 1 \cdot 5.5 + 1 \cdot 10 + 0 \cdot 9}{4 \cdot 2.5 + 2 \cdot 5 + 1 \cdot 6 + 1 \cdot 8 + 0 \cdot 6} = \frac{36.5}{34} = 1.07,$$

$$PF_0^t = \sqrt{PL_0^t \cdot PP_0^t} = 1.10.$$

Referenzen

Abels, H. und Degen, H., 1981, Handbuch des statistischen Schaubilds, NWB.

Bamberg, G. und Baur F., 1980, Statistik, Oldenbourg.

Bamberg, G. und Schittko, U.K., 1979, Einführung in die Ökonometrie, Fischer.

Bol, G., 1992, Wahrscheinlichkeitstheorie. Einführung, Oldenbourg.

Bosch, K., 1992, Statistik-Taschenbuch, Oldenbourg.

Böcker, F., 1978, Korrelationskoeffizienten, WiSt, Heft 8, 379-383.

Deutsche Bundesbank, 1970, Monatsberichte März.

Eichhorn, W., 1978, Functional Equations in Economics, Reading.

Ferschl, F., 1978, Deskriptive Statistik, Physika.

Geßler, J., 1991, Die statistische Graphik als datenanalytisches und didaktisches Instrument - Neue Einsatzmöglichkeiten durch Computerunterstützung, Dissertation, Universität Karlsruhe.

Hartung, J., 1978, Statistik, Oldenbourg.

Heiler, S. und Rinne, H., 1971, Einführung in die Statistik, Hain.

Henn, R. und Kischka, P., 1979, Statistik 1, Athenäum.

Huff, D., 1973, How to lie with Statistics, Penguin Books.

Krämer, W., 1991, So lügt man mit Statistik, Campus.

Krämer, W., 1992, Statistik verstehen - Eine Gebrauchsanweisung, Campus.

Krotz, F., 1991, Statistik-Einstieg am PC, Fischer.

Leiner, B., 1982, Einführung in die Zeitreihenanalyse, Oldenbourg.

Nullau, B., Heiler, S., Wäsch, P., Meisner, B., und Filip, D., 1969, Das „Berliner Verfahren". Ein Beitrag zur Zeitreihenanalyse, Berlin.

Referenzen

Piesch, W., 1975, Statistische Konzentrationsmaße, Mohr.

Polasek, W., 1988, Explorative Daten-Analyse, Springer.

Rutsch, M., 1988, Statistik 1. Mit Daten umgehen, Birkhäuser.

Statistisches Bundesamt (Hrsg.), 1976, Das Arbeitsgebiet der Bundesstatistik, Kohlhammer.

Tukey, J.W., 1977, Exploratory Data Analysis, Addison-Wesley.

Uhlmann, W., 1982, Statistische Qualitätskontrolle, Teubner.

Namen- und Sachregister

Eine Seitenangabe *in eckigen Klammern* bedeutet, daß der Ausdruck auf der angegebenen Seite eingeführt wird und im folgenden laufend benutzt wird.

α-Quantil 66f,90

ABC-Analyse 104
Abels 8,46ff,202
Abgang 2,13,15
   ...seinheit 13,15
   ...masse 13ff,108
Abgrenzung der Grundgesamtheit 11ff,16
   räumliche 11
   sachliche 11
   zeitliche 11ff
abhängig 55,121f,130,141,192,195
Abhängigkeit 108,111,121,124-127, 130f,134,137,172
   jahreszeitliche 147
absolut 154,164
   ...e Häufigkeit [28]
     ...sverteilung 29,35,71,94,110, 114
     ...e Summenhäufigkeit 37f,58,177
     ...sfunktion 58
     mittlere ...e Abweichung 77ff, 81,83,182,185
Absolutskala 23f
Abweichung 5,91,99,124f,155,182
   mittlere absolute 77ff,81,83,182, 185
   quadrierte 79,125
   Standard... 79ff,83ff,88,90f,140, 184f
Achenwall 1,161
adjacent values 87
Anfangsbestand 15
   ...smasse 15
anonym 25
Anonymisierung 25

Anrainer 87-89
   oberer 88f
   unterer 88f
arithmetisches Mittel 34f,[70]
   bedingtes 118
   der quadrierten Abweichungen 79
Aufbereitung 3,5
Ausreißer 76,88
Ausschußanteil 4f,10
Außenpunkt 88
Auswahl 4,7f
   der Daten 7f
   der Zeitabstände 8
   des Anfangszeitpunkts 8
   des Bezugspunktes 7
   ...einheit 11
   von Vergleichsgrößen 7

Balkendiagramm 44
Bamberg 103,135,202
Basis 165,173
   ...jahr 164,169ff,173,200f
   ...zeitpunkt 165
Baur 103,202
bedingt 117-123,128ff,153,192, 194f
Bedingung 117-122,129,194
Beobachtung 30,41,55,85,97,102, 109,122,126,129,131,143
   ...spaar 108,110,114,131,133ff
   ...spunkt 12
   ...swert 35f,63f,73,79-82,91, 93,108f,141,146
   ...szeitpunkt 9
   ...szeitraum 169
Berichtsjahr 169,171,174,200f

Namen- und Sachregister

Berliner Verfahren 159,202
Beschreibungsmöglichkeit 16
Bestand 162
    Anfangs... 15
    End... 15
    ...seinheit 13
    ...smasse 13-15,18,162,175
Bestimmtheitsmaß 136f,140,142
Betriebsstatistik 11
Bevölkerungsstatistik 1-3,12-15,
    107f,162
Bewertung 4,18,22,143
Beziehungszahl 161-163,200
Böcker 145,202
Bol 81,85,202
Bosch 143,202
Boxplot 87-90,186
Bravais 140,145

Census-II-Verfahren 159
Codierung 23
chi-Quadrat 125,127f,193-195

Daten
    ...analyse 6
        explorative 6
    klassierte 33,38,73,82,98,114,139
Degen 8,46ff,202
deskriptiv 148,159
    ...e Statistik 3-6,86,126
Deutsche Bundesbank 146,159
Diagramm
    Balken... 44
    Flächen... 45-48,51,53,62,178f
    Kreissektoren... 47f,62,161f,180
    Linien... 44
    Säulen... 44f,47f,53
    Stab... 44,46-48,55,62,113,178
    Stengel-Blatt-... 28
    Streungs- 114,131,133
    Volumen- 62,179
diskret 22,34,48,50,58,111,119
DIN-Norm 55302 35
dünn besetzt 28

Durchschnitt 74,91,144,149f,162,
    170,198
    gleitender ... gerader Ordnung
        150-155,157f,
        199
    gleitender ... ungerader Ordnung 150,154f,157f,198
    ...swert 34,63,119
durchschnittlich 74,91

Edgeworth 169,171f,199f
Eichhorn 172,202
einfacher Index 163
eingipfelig 85
Einheit 23,47f,51f,59,84
    Abgangs... 13,15
    Auswahl... 11
    Bestands... 13
    Ereignis... 13,162
    statistische [10]
    Zugangs... 13,15
Einzelobjekt 10f
Empirie 3
empirische Verteilungsfunktion 39ff
    50,58f,61,65ff,106,176f
    bedingte 119
Endbestand 15
    ...smasse 15
Entscheidungsfindung 3
Entscheidungstheorie 5f
Entsprechungszahl 162f,200
Ereignis 13
    ...einheit 13,162
    ...masse 13,15,162
Erhebung 3,10
Explorative-Datenanalyse 6

feinberechnet 68,78f,184
Fernpunkt 88
Ferschl 3,6,10,35,202
Filip 159,202
Fisher 169,174
    -s idealer Mengenindex 171,
        201

-s idealer Preisindex 170,201
Flächendiagramm 45-48,51,53,62,
   178f
flächenproportional 45
Fortschreibung 1,15
   ...sformel 15
Fühler 87

Galton 132
Gauß 85,132
   ...sche Glockenkurve 85
   -Verteilung 85
geordnet 97
   lexikographisch 109
   ...e statistische Reihe/..e Urliste [27]
Geßler 42,88,113f
Gini 99
Gini-Koeffizient 99-104,106
   127,187,189,191
   normierter 102
glatt 150,152,154,159
Gleichverteilung 94
gleitender Durchschnitt 149-155,
   157f,198f
   gerader Ordnung 150-155,157f,
      199
   ungerader Ordnung 150,154f,
      157f,198
Gliederungszahl 161f,200
Graphische Darstellung 7f,13f,22,24,
   34f,41f,44-62,87,147,161f
   der Summenhäufigkeiten 50,58
   von Häufigkeitsverteilungen 42,
      44-62,112f
   von Verweildauern 14
   zweidimensionaler Merkmale 112ff
Grundgesamtheit 10ff,39

Hartung 1,55,86,151,202
häufbares Merkmal 17f
Häufigkeit
   absolute [28]
   ...sdichte 55

...spolygon 55f
relative [30]
   bedingte 117,128f
   prozentuale 30
Summen... 37f,41,50,58-61,67,
   177,181
von Klassen [32]
von Merkmalsausprägungen [28]
von Merkmalskombinationen
   109
Häufigkeitsverteilung 29,[30]
   absolute [29]
   eines klassierten Merkmals [32]
   grahische Darstellung von ...en
      42,44-62,112f
   relative [30]
   zweidimensionale 110f,115,
      122,125,127
Heiler 151,159,202
Henn 85,149,202
Herfindahl 105
Herfindahl-Index 105
Histogramm 51-69,75f,
   85ff,113f,180
   zweidimensionales 113
höhenproportional 44
Huff 7,202

Identifikation 11f
Identifikationsmerkmal 16
Index
   Herfindahl-... 105
   Mengen... 163,167,171f,174,
      200f
   Preis... 146,163,167,169-174,
      200f
   ...zahl 161,163-165,168,172
      einfache 163
      zusammengesetzte 163
   ...ziffer 155,157ff
induktive Statistik 3-6,80
Intervall 22,32,35f,51,85,181
   ...skala 23f

Namen- und Sachregister

Urlisten... 35f

Jahr
  Basis... 164f,169-171,173f, 200f
  Berichts... 169,171,174,200f
  typisches 169
  ...esdaten 147

Kardinalskala 23,48,83
Kartogramm 48f
k-dimensional 108
Kenngrößen einer Klassierung 34
Kennzahlen von Häufigkeitsverteilungen 63,74,86
Kischka 85,149,202
Klasse 22,31,[32]
  Anzahl der ...n 35f
  Einfalls... 69f
  ...nbildung 353,111
  ...nbreite 34,51,53,55f,85,114
  ...neinteilung 32,122,129
  ...ngrenze 32,34-36,38,51f, 57ff,69,97,177,181
  ...nmitte 34,36,55f,72f,78,81f,98, 191
  Rand... 32,34,51f,56,73,177,181
klassiert [32]
Klassierung [32]
Komponente 109,148ff,
  glatte 150,152,154f,159
  jahreszeitliche 148
  konjunkturelle 148
  langfristige 148
  mittelfristige 148
  Rest... 148
  saisonale 148f,154ff
  Stör... 148,152ff,156,159
  Trend... 148
  zyklische 148
konstante Saisonfigur 154ff
Konstruktion der Grundgesamtheit 10

Kontingenzkoeffizient 124-128,130, 161,195
  korrigierter 127,130
  nach Pearson 125ff
Kontingenztabelle 110,114
Kontrolle (zerstörende) 4
Konzentration 91,94,99,102,104f
  ...smaß 91,104,161,202
  ...skoeffizient 104
  vollständige 94,102
Korrelationskoeffizient 7,140-145, 161,202
  Bravais-Pearson-... 140,145
  Rang... 143
Korrelationsrechnung 146-145
Korrelationstabelle 110,114
korreliert
  negativ 141,198
  positiv 141
  un... 141
korrigiert 159
  ...er Kontingenzkoeffizient 127, 130
  ...e Stichprobenvarianz 80
Kovarianz 137-140
Krämer 7,182,202
Kreissektorendiagramm 47f,62, 161f,180
kurzfristig 147ff

Lageparameter 63-73,74f,83,85, 90f,118,161,184
  bedingter 118
langfristig 148
Laplace 85
Laspeyres 169
  Mengenindex nach 171f,174, 201
  Preisindex nach 169-174,200f
Leiner 159,202
lexikographisch 109
linear 131f,134,140
Lineare Regression 131-136, 139,141,144,198

Liniendiagramm 44
linksschief 86f
Lorenz 91
Lorenzkurve 91-99,102-104,
106,186-192
Eigenschaften der ... 93,186

Manipulation 7f,129
Marshall 169,171f
Masse 3,[10]
Abgangs... 13-15,108
Anfangsbestands... 15
Bestands... 13-15
Endbestands... 15
Ereignis... 13,15,162
statistische [10],18
Zugangs... 13-15,108
Maßzahl 161-166
Median (Zentralwert) 64-70,77f,
181-184
bedingter 119
mehrdimensionale Merkmale
107-123
mehrgipfelig 86
Meisner 159,202
Mengenindex 163,167,171f,174,200f
Fishers idealer 171,201
nach Laspeyres 171f,200f
nach Marshall/Edgeworth
171f,200f
nach Paasche 171f,174,200f
Merkmal 12,[16]
auf einer statistischen Masse
18,25, 52,63,107,129,131
diskretes 22,34,48,50,58,
111,119
häufbares 17f
Identifikations... 16
k-dimensionales 108
klassiertes [32]
mehrdimensionales 107-123
nicht häufbares 17f
qualitatives [21]
quantitatives [22]

Rang... 21-23,27,36,48,64f,
74,110,142f
stetiges 22f,31,35,40,50,58,
111,122,129,139,176
zweidimensionales 112ff,142
Merkmale
abhängige 121ff,130,141,192,
195
unabhängige 120-126,129,139,
141,144
(un)korrelierte 141
Merkmalsart 21-24
Merkmalsausprägung [16],26
Menge der ...en 17f,21,26,30,48,
63f,74,110
Klassierung von ...en [32]
Merkmalskombination 109ff,126
Merkmals-k-Tupel 108
Merkmalspaar 109,142f
Merkmalssumme 91-105,187-190
Merkmalsträger 16-18,21
Merkmalswert [18],26
Messung 18,22,31,76,140
Meßvorgang 18
Meßzahl 163-165,167ff
Preis... 167,170f,200
Quantitäts... 172
Methode
der gleitenden Durchschnitte
149
der kleinsten Quadrate 132f
des typischen Jahres 169
metrische Skala 23
Mittel
arithmetisches 34f,[71]
geometrisches 169
gewichtetes 72,170,172
mittelfristig 148
Mittlere absolute Abweichung 77ff,
81,83,182,185
Modalwert (Modus) 64,73f,83,184
Modell
additives 148
Modus (Modalwert) 64,73,83

de Moivre 85
Monatsdaten 147-150,152,155

negativ 91,120,141
Nominalskala 23,44,64,110,124
Normalverteilung 85
normierter Gini-Koeffizient 102, 106,191
Nullau 159,202

Ökonometrie 135,202
Ordinalsskala 23,48,64,109f
Ordnung (lexikographische) 109

Paasche 169
    Mengenindex nach 171f,174, 200f
    Preisindex nach 169,171, 174,200f
Pareto 104f
    ...kurve 104f
Pearson 125ff,140,145
Periode 154f,158
    ...nlänge 149f,152,155,157,159
periodisch 8,154,157f
Personalstatistik 1
Piesch 105,203
Piktogramm 46f
Polasek 28,35,87,203
Population 10
positiv 17,80,141,181
Preisindex 146,163,167,169-174,200f
    Fishers idealer 170,201
    nach Laspeyres 169-174,200f
    nach Marshall/Edgeworth 169,171,200
    nach Paasche 169,171,174,200f
Preismeßzahl 167,170f,200
Prognoserechnung 135
proportional 47f,55,154f,179
    flächen... 45
    höhen... 44
    volumen... 45f,114,179
Punktewolke 131

qualitativ [21]
Qualitätsstufen 21
Quantil
    α-... 66f
quantitatives Merkmal [22]
Quantitätsmeßzahl 172
Quartalsdaten 147
Quartil 67,76,87f
    oberes 67,76,88
    unteres 67,76,88
    ...sabstand 76f,88f

Randklasse 32,34,51f,56,73,177,181
    nach links offene 32
    nach rechts offene 32
Randverteilung 115,117,122f
Rangkorrelationskoeffizient (Spearmanscher) 143
Rangmerkmal 21-23,27,36, 48,64f,74,110,142f
Rangskala 23
Rangziffer(...npaar) 142f
räumlich 11
rechtsschief 86f,91
Reduzierte statistische Masse 117
Reihe (statistische / Urliste) [25]
    geordnete [27]
Regression (lineare) 131-135,136f
relativ
    ...e Häufigkeit [30]
    ...e Häufigkeitsverteilung [31]
Resthäufigkeit 38
Restkomponente 148
Rinne 151,202
Rutsch 23,28,203

sachlich 11,162f
saison
    ...al 5,148-150,154f,159
    ...bereinigt 157,159,199
Saison 152,155,157,199
    ...bereinigung 159f
    ...figur (konstante) 154-157, 160,199

...indexziffer 157ff
...komponente 148f,154
Säulendiagramm 44f,47f,53
Schiefe 86
Schittko 135,202
Schwankungen 127,147,149,155, 158
   saisonale 148,150,154f
Skala 23,87
   Absolut... 23f
   Intervall... 23f
   Kardinal... 23,48,83
   metrische 23
   Nominal... 23,44,64,110,124
   Ordinal... 23,48,64,109f
   Rang... 23
   Transformation einer 24,83
   Verhältnis... 23f,176
Skalierung 23,142
Spannweite 75f,90,181,184
Spearman 143
Stabdiagramm 44,46-48,50,55,67, 113,178
Standardabweichung 79-81,83-85,88, 90f,140,184f
Statistik 1ff,6f,33f,38,144,146,202
   deskriptive 3-6,86,128
   induktive 3-6,80
Statistisch 1,3,6,16
   gesichert 6
   ...es Bundesamt 3f,146,203
   ...e Einheit [10]
   ...e Entscheidungstheorie 5
   ...e Erhebung 10
   ...e Masse [10]
   reduzierte 117f
   ...e Qualitätskontrolle 4,203
   ...e Reihe (Urliste) [25]
   geordnete [27]
steam-and-leaf-display 28
Stengel-Blatt-Diagramm 28
stetig 40,196
   Merkmal 22f,31,35, 50,58,111,122,129,139

Stichprobe 5,80,103
   ...nvarianz (korrigierte) 80
Stichtag 11-13
Stichzeitpunkt 12
Stiel- und Blattdarstellung 28,73
Störgröße 131f
Störkomponente 148,152ff,156,159
Störung 127,131
Streuungsdiagramm 114,131,133
Streuungsparameter 63-90,91, 118,161,185
   bedingter 118
Strichliste 29,43,69
Summenhäufigkeit 37f,41,50,58-61, 67,177,181
   bei klassierten Daten 38,51
   ....sfunktion 58-61,67
Tabelle
   Häufigkeits... 29,41,51f,65,90, 98,106,110f,139,176,194
   Kontingenz... 110,114
   Korrelations... 110,114
Transformation
   bei linearer Regression 134
   bei Skalen 24
   Lage- und Streuungsparameter bei ... 83,85,136
Trend 132,144,159
   ...komponente 148
   langfristiger 148
   ...wert 132,136
Tschebyscheffsche Ungleichung 81
Tukey 6,203
typisch
   ...e Eigenschaften empirischer Verteilungsfunktionen 40
   ...er Verlauf der Lorenzkurve 93
   ...es Jahr 169

U-förmig 86
Uhlmann 4,203
Umbasierung (einer Zeitreihe) 164

Namen- und Sachregister

Umsatzstatistik 107
unabhängig 7,74,110,120-126,
    129,139,141,144
Unabhängigkeit 121,124f,127
Unfallstatistik 1,3
unkorreliert 141
Urliste (statistische Reihe) [25]
    geordnete [27]
    ...nintervall 35f

Varianz 79-82,90,136ff,184f
    bedingte 119
Variationskoeffizient 84,161,184f
Verhältniszahl 161,163
Verkaufsstatistik 1,3
Verknüpfung (von Zeitreihen)
    164f,173
Verteilungsfunktion (empirische)
    39-41,50,58f,61,65-67,
    106,176f
    bedingte 119
    typische Eigenschaften einer 40
Verursachungszahl 162f
Verweildauer 13f
Volkszählung 2,10f,15,25,107
volumenproportional 45f,114,179

Wahrscheinlichkeit 129
    ...stheorie 5f,80,85,202
Warenkorb 172f
Wäsch 159,202
whisker 87

zeitlich 11,151,158,161,163,167,175
Zeitpunkt 8f,12-15,146,148,150f,
    155,163,165,175
    Stich... 12
Zeitraum 7,12ff,149,152,167
Zeitreihe 8,146-152,155,159f,164f,198
    saisonbereinigte 157,159,199
    Umbasierung einer ... 164f
    Verknüpfung von ...n 164f,173
Zeitreihenanalyse 146-166,202
Zentraler Grenzwertsatz 85

Zentralwert (Median) 64-70,77f,
    181-184
    feinberechneter 68,78f,184
Zerstörende Kontrolle 4
Zufall 5
Zugang 2,12,108
    ...seinheit 13,15
    ...smasse 13-15,108
Zulassungsstatistik 3
Zuordnung 17f,21,25,108,130
zusammengesetzter Index 163
zweidimensional 43,110,112-115,
    122,125,127,135,142
zyklisch 148